首批国家级一流本科课程配套教材
"十四五"普通高等教育本科部委级规划教材

服装人因工程学

陈东生　陈娟芬　主编

中国纺织出版社有限公司
"十四五"普通高等教育本科部委级规划教材

内 容 提 要

　　服装人因工程学是一门以人体测量学、人体生理学、心理学和卫生学等学科为基础，使服装设计与人、环境之间和谐匹配并追求最佳效能的学科。本书分为绪论、人体观察与人体测量、服装艺术设计的人因工程、服装板型设计的人因工程、着装行为的人因工程、服装舒适卫生与人因工程、智能可穿戴服装七个部分，注重理论与实践结合，将脑电技术、眼动技术、生理技术、行为分析技术等前沿技术引入服装人因工程学，扩展服装人因工程学的研究方法。本书附数字教学资源二维码，形成了"立体化"教材，直观性和针对性强，有利于理论知识的学习和掌握。

　　本书可作为高等院校服装相关专业的教材，也可供从事服装行业的技术人员阅读和参考。

图书在版编目（CIP）数据

　　服装人因工程学/陈东生，陈娟芬主编 . -- 北京：中国纺织出版社有限公司，2023.8

　　"十四五"普通高等教育本科部委级规划教材

　　ISBN 978-7-5229-0295-1

　　Ⅰ. ①服… Ⅱ. ①陈… ②陈… Ⅲ. ①服装设计－人因工程－高等学校－教材 Ⅳ. ① TS941.2

　　中国版本图书馆 CIP 数据核字（2023）第 018207 号

责任编辑：张晓芳　金　昊　　特约编辑：王会威
责任校对：王蕙莹　　　　　　　责任印制：王艳丽

中国纺织出版社有限公司出版发行
地址：北京市朝阳区百子湾东里 A407 号楼　邮政编码：100124
销售电话：010—67004422　传真：010—87155801
http://www.c-textilep.com
中国纺织出版社天猫旗舰店
官方微博 http://weibo.com/2119887771
北京通天印刷有限责任公司印刷　各地新华书店经销
2023 年 8 月第 1 版第 1 次印刷
开本：889×1192　1/16　印张：11.5
字数：265 千字　定价：79.00 元

前　言

　　服装人因工程学是教育部首批的国家级一流本科课程。这门课程的建设，基于教育部"服装人因工程学的教学内容和课程体系建设"协同育人项目（项目编号201702145008），项目的开展得到中国人类工效学学会和北京津发科技股份有限公司支持，课程开发得到全国纺织服装教学指导委员会指导，课程制作得到超星集团江西分公司协作。

　　本书的编写是课程团队依托国家级一流本科课程的教学教案，以网络教学平台作为技术支撑，与在线教学资源相互依托，形成了"立体化"教材，达到教学内容与时俱进，实现借助移动终端随时随地自主学习，通过先进教学模式配合，可以强化培养学生自学能力、思考能力和获取知识的能力。

　　本书是编著者团队以立德树人为根本任务，多年来开展课程研究与教学实践的总结，在OBE理念指导下，课程知识融合思政元素，遵循知识、能力、素质协调发展的教学理念，注意培养学生应用所学的理论知识，使服装设计与人、环境之间和谐匹配并追求最佳效能，以培养学生分析问题和解决问题的能力为目标，为全方位开展课程教学打下基础。本书围绕应用型人才培养，主线清晰、专业性强，内容系统全面，具有系统性、前沿性、创新性，同时集理论、技术、艺术、实验、实践于一体，可供高等院校服装类专业教学和有关专业技术人员参考使用。

　　本书分为绪论、人体观察与人体测量、服装艺术设计的人因工程、服装板型设计的人因工程、着装行为的人因工程、服装舒适卫生与人因工程、智能可穿戴服装七个部分，引导学生由浅入深地系统学习服装艺术设计、服装结构设计、服装营销心理、服装生理卫生等服装人因工程学基本理论、基本设计方法与基本测评技术。同时，让学生了解人体运动规律、人体体表特征、人体生理和心理特点及人因要素在自然环境或社会环境中与服装之间的适配关系，掌握人因工程学的用户研究、任务分析、交互界面评估、用户体验设计、交互设计等人因设计基本方法，最终达到能够将这些人因设计理论和方法系统地、有机地、有效地应用到服装设计实践中，使人—服装—环境之间达到最佳适配。

本书由陈东生、陈娟芬担任主编，并对全书进行了总撰、编写和定稿，由崔琳琳、黄淑娴、成恬恬担任副主编。第一章由陈娟芬、陈东生编写，第二章由成恬恬、陈东生编写，第三章由朱春燕编写，第四章由黄淑娴、陈东生编写，第五章由潘隽媛编写，第六章由崔琳琳、陈娟芬编写，第七章由李帅编写，最后由陈东生、陈娟芬统稿。

由于编著者水平有限，加之时间仓促，本书内容及形式上出现的疏漏和不足在所难免，希望广大同仁和读者给予批评指正。

编著者

2022年6月6日

江西服装学院服装人因工程研究中心

目 录

第一章

绪论

课题名称： 绪论

课题内容： 1. 服装人因工程学的定义和研究内容

2. 服装人因工程学的起源与发展

3. 人—服装—环境系统及各界面的关系

课题时间： 2 课时

教学目标： 1. 掌握服装人因工程学的定义，引导学生理解人因工程学对设计学科的作用。

2. 了解服装人因工程学的发展历程，使学生全面理解人因工程学在生活中各个方面的应用。

3. 理解"人—服装—环境"研究体系和内容，思考在服装设计中如何实现与人、环境之间的和谐匹配，并融入设计思维和意识。

4. 提升信息素养，树立终身学习理念。

教学重点： 服装人因工程学研究内容；人—服装—环境系统及各界面的关系

教学方法： 线上线下混合教学

随着生活水平的提高，消费者对服装提出了强调个性、以人为本、崇尚科学等要求，于是越来越关注服装是否能够满足生理和心理上的安全性和舒适性，服装人因工程学科强调服装设计要兼具人的需要及人—服装—环境之间的和谐统一，让服装适应人，最大限度地适合人体的需要，达到舒适、安全、健康、美观的最佳匹配状态，从而能更好地满足消费者的需求。

第一节　服装人因工程学的定义和研究内容

服装人因工程学是人因工程学的分支学科，是近年来随着服装行业科技进步与工业化水平的提升而迅猛发展的一门综合性交叉学科，目的在于通过服装设计使人—服装—环境之间和谐匹配，并追求最佳效能，它涉及服装设计学、卫生学、生理学、心理学和人体结构学等诸多学科。

一、人因工程学的定义和研究内容

人因工程学（Human Factors Engineering）是一门以心理学、生理学、人体测量学、计算机科学、系统科学等多学科的科学原理和方法为基础的新兴学科，聚焦一切由人制造的、有人参加和利用的产品与系统，研究人与系统的交互关系和规律，以实现系统安全、高效且"宜人"的三大目标。欧洲称为人类工效学，日本称为人间工学，还有其他国家和地区称为人类工程学、工程心理学、生物工艺学和人体工程学等。

（一）人因工程学的定义

人因工程学面向设计和应用时秉持以人为中心的理念、遵循系统工程思想和要领，使得系统和产品设计符合人的特点、能力和需求，从而使人能安全、高效、健康和舒适地从事各种活动。例如，在我们日常生活中，使用的产品外观、产品说明书、使用的家具舒适性，厨房的装修设计和特殊人群产品设计等都是人因工程学要解决的问题，什么是人因工程学，目前还没有统一的定义和命名，下面列举一些国家、组织对人因工程学的定义。

国际人类工效学学会（International Ergonomics Association，简称IEA）为该学科下的定义为：人因工程学是研究人在某种工作环境中的解剖学、生理学和心理学等方面的因素，研究人和机器及环境的相互作用，研究在工作中、生活中和休假时怎样统一考虑工作效率、人的健康、安全和舒适等问题。

《中国企业管理百科全书》中的定义为：研究人和机器、环境的相互作用及其合理结合，使设计的机器和环境系统适合人的生理、心理等特征，达到在生产中提高效率、安全、健康和舒适的目的。

从上述对该学科的定义来看，尽管定义上有些差异，但是在研究对象、研究方法和理论基础等方面不存在根本上的区别，人因工程学就是按照人的特性设计和改进人—机—环境系统的科学，其中人—机—环境系统指由共处于同一时间和空间的人与其所操纵的机器以及他们所处的周围环境所构成的系统，简称为人—机系统。

（二）人因工程学的研究内容

人因工程学的研究包括理论和应用研究两个方面。但学科研究的总趋势侧重于应用。其主要内容可概括为以下四个方面。

1. 人体因素研究

人因工程学系统地研究人的生理与心理特征，如人体尺寸、人体力量、人体活动范围，人的感知特性、信息加工能力、传递反应特性，人的工作负荷与效能、疲劳，人的决策过程、影响效率和人为失误的因素，等等。

2. 机器因素研究

在人—机—环境系统中，机器是一个泛指的概念，针对不同的研究对象，涉及的内容也就不同，包括机械、电气、仪表、材料、建筑、服装、环艺等工程科学。

3. 环境因素研究

环境是十分广泛的概念，可以大也可以小，大环境通常指生活环境、自然环境与社会环境等；小环境通常指自身环境和周围环境，如生产环境、室内环境、室外环境等。目前环境因素研究的内容有研究工作场所的设计和改善，如生产场地总体布置、工作台与座椅设计、工作条件设计；研究工作环境及其改善等，如照明、颜色、温度、湿度、空气粉尘、有害气体等。

4. 系统综合研究

系统综合研究是如何实现人—机—环境系统的最佳效果，其研究内容如下：

（1）研究人机系统总体设计：人机系统的效能取决于它的总体设计。系统设计的基本问题是人与机器之间的分工以及人与机器之间如何有效地进行信息交流等问题。

（2）研究人机界面设计：在人机系统中，人与机相互作用的过程就是利用人机界面上的显示器与控制器，实现人与机的信息交换的过程。研究人机界面的组成并使其优化匹配，产品就会在功能、质量、造型等方面得到改进和提高，也会大大提高产品的技术含量和附加值。

（3）研究作业方法、作息制度及其改进：人因工程学主要研究人从事体力工作或脑力工作时的心理与生理反应、工作能力及信息处理特点；研究工作时合理的负荷及能量消耗、工作条件、作业程序和方法等。

（4）研究系统的安全性和可靠性：人因工程学要研究人为失误的特征和规律，人的可靠性和安全性，找出导致人为失误的各种因素，以改进人—机—环境系统，通过主观与客观因素的相互补充和协调，克服不安全因素，做好系统安全管理工作。

（5）研究组织与管理的效率：人因工程学要研究人的决策行为模式；研究如何改进生产或服务流程；研究组织形式与组织界面，便于员工参与管理和决策，使员工行为与组织目标相适应。

二、服装人因工程学的定义

服装人因工程学是人因工程学的一个重要分支，涉及服装材料学、服装设计学、服装结构学、服装工艺学、服装卫生学、人体生理学、人体测量学和服装心理学等诸多学科。服装人因工程学就是按照人的特性设计和改进人—服装—环境系统的科学。

服装人因工程学的研究目的是如何使人—服装—环境系统的设计符合人的身体结构和生理、心理特征，实现人—服装—环境系统之间的最佳匹配，将过去的"人适应服装"改变为"服装适应人"，使处于不同条件下的人能有效、安全和健康舒适地进行工作、生活的学科，使服装介质的各项指标与人体各种要求相适应。

三、服装人因工程学的研究内容

服装人因工程学的研究内容涉及人、服装和生活、工作环境三个因素及三个因素之间的关系，人的因素包括人体尺寸、生理和心理因素；服装方面包括服装材料、服装结构和服装色彩等；生活、工作环境包括人体与服装之间的内环境和服装以外的外环境。

（一）人的因素研究

1. 人体尺寸测量

人体尺寸测量，指通过测量人体各部位尺寸来确定个体之间和群体之间在人体尺寸上的差别，用于研究人的形态特征，为人体体型分类、服装号型标准制定与服装产品开发和加工提供基础数据。

2. 生理指标测量

生理指标测量，一方面包括常规的生理指标，如体温、血压、脉搏和心率等；另一方面包括复杂的生理指标，如心电图、肌电图、出汗量、代谢产热量和体核温度、平均皮肤温度等，为研究人体舒适性和科学评价服装提供理论指导。

3. 心理测量

心理测量，目前是通过主观感觉评价的方式，通过人体的某些客观指标的测量，结合主观评价方法，为服装舒适性评价提供更科学、更有利的数据支撑。

（二）服装的因素研究

1. 服装材料因素

服装材料是服装的物质基础，服装人因工程学中研究的重要内容——健康和舒适与材料息息相关，如服装材料具有吸湿性、透气性和保暖性等性能，使消费者穿着服装在冬天可以起到抗寒作用、在夏季可以起到防暑作用；同时，近年来随着新型服装材料的不断开发，应用于某些特殊场合的特种功能服装层出不穷，如航空、防化、防毒和消防等，为穿着者提供了必要的防护功能；目前可穿戴技术和智能服装的兴起，使智能服装材料，包括应用于服装上的智能装备，将成为服装人因工程学研究的热点方向。

2. 服装结构因素

服装穿着要达到合体合理和舒适自由的目标，与服装结构设计密切相关。如服装结构各部位的松量在兼顾人体静态尺寸和动作特点的基础上进行科学制定，才能使人体运动不受限制。本书对服装中的衣领、衣袖、裤子裆部、口袋和拉链等部位怎样基于人体尺寸、运动特征和形态特点进行科学设计做了详细阐述。

3. 服装色彩因素

消费者对服装的时尚性和审美要求越来越高，俗话说"远看颜色近看花"，对于服装来说，色彩是相当重要的。服装的色彩会使人产生兴奋、雅致、肃穆、恐怖的感觉，也是体现时尚、流行的手段之一，色彩与图案结合直接体现服装的艺术内涵，色彩搭配和时尚图案设计都能让人耳目一新、赏心悦目，以达到心理上的舒适。

（三）环境的因素研究

环境的因素通常可分为自然环境和社会环境。

1. 自然环境

自然环境，泛指环绕于人类周围的自然界。与服装相关的自然环境可以分为内环境和外环境两个部分。内环境也称服装气候，指人体与最内层服装之间的环境，通常用温度、相对湿度和风速来衡量；而外环境是指着装人体服装以外的环境，也就是周围的空气环境。环境的温度、湿度、气流和辐射都影响着服装的着装效果。

2. 社会环境

社会环境，主要指着装者所处环境的社会形态，包括时间、地点、场合、职业等方面，如一个居于领导地位的男性着装者，一般不会以过于时髦或花里胡哨的服装塑造自我形象，因为这在受众心理上容易削弱个人的地位，生活中称为不符合身份的穿着，社会上对一定身份的人有一种服饰形象的固定模式印象。

（四）系统的综合研究

系统的综合研究，是如何实现人—服装—环境系统的最佳效果，其研究内容包括如下几方面。

1. 人与服装材料研究

服装材料是服装的物质基础，人与服装材料关系的研究正向着高科技材料在服装中的应用的方向发展，强调人体与服装材料的适宜性、材料与款式的协调性、环境气候与人体的热交换，主要体现在功能服装（智能服装）与材料、服装压力舒适性、服装热湿舒适性和服装接触舒适性等方面。

2. 人与服装造型研究

研究人体体型与服装造型，主要是通过对人体外表特征的研究以对不同人体体型分类，特别对颈、肩、胸、肘、臀等各部位静动态特征与衣身的外观平稳性及运动舒适性的关系进行研究，正确处理服装各部位的结构原理与人体静动态的匹配关系，实现服装造型设计与人体部位的和谐匹配并追求最佳效能。

3. 人与服装艺术设计研究

随着物质生活水平的提高，人们对服装的要求也越来越高，已经不单单是满足于生理层面，更重要的是对心理层面的追求。研究人与服装艺术设计，体现在外观艺术设计和着装行为两个方面，通过结合社会角色以及所处的社会环境从款式、色彩、图案和材质及着装行为的研究，使人、服装、环境三者达到和谐匹配关系。

四、服装人因工程学的研究方法

服装人因工程学的研究涉及人—服装—环境系统中各个界面的科学把握，主要有描述性研究、实验研究和评价研究，其研究方法主要有调查法、观察法、实验法和感觉评价法。

（一）调查法

调查法是获取有关研究对象资料的一种基本方法，如服装定制过程中对消费者穿着喜好、性格和生活方式的调查等，其具体包括访谈法、考察法和问卷法。

（1）访谈法：研究者通过询问交谈来收集有关资料的方法。

（2）考察法：通过实地考察，发现现实的人—服装—环境系统中存在的问题，为进一步开展分析、实验和模拟提供背景资料。

（3）问卷法：研究者根据研究目的编制一系列问题和项目，以问卷或量表的形式收集被调查者的答案并进行分析的一种方法。

（二）观察法

观察法是研究者通过观察、测定和记录自然情境下发生的现象来认识研究对象的一种方法。这种方法是在不影响事件的情况下进行的，观测者不介入研究对象的活动中，因此能避免对研究对象的影响，可以保证研究的自然性和真实性。例如，服装生产过程中工时的现场测定和记录。

（三）实验法

借助实验仪器进行实际测量的方法，是一种比较普遍使用的方法。实验法是在人为控制的条件下，排除无关因素的影响，系统地改变一定变量因素，以引起研究对象相应变化来进行因果推论和变化预测的一种研究方法。例如服装设计研究中的眼动仪实验、服装舒适性脑电实验等。

（四）感觉评价法

运用人的主观感受对人、服装系统的质量、性质等进行评价和判定的一种方法，即人对事物客观量作出的主观感觉评价。测量对象可分为以下两类。

1. 对服装产品的特定质量、性质进行评价

如对照明环境的主观评价、对空气的干湿程度等的评价、产品色彩的感性评价等。

2. 对产品或系统的整体进行综合评价

如环境的舒适性、产品可用性、易居性评价等。

第二节 服装人因工程学的起源与发展

一、人因工程学的发展

（一）人因工程学的起源

人因工程学的萌芽时期（20世纪初）。该时期以提高生产效率为重点，虽然已孕育着人因工程学的思想萌芽，但人机关系总的特点是以机器为中心，通过选拔和培训使人去适应机器。由于机器进步很快，使人难以适应，因此存在着大量伤害人身心的问题。

人因工程学的兴起时期（第一次世界大战初期至第二次世界大战之前）。第一次世界大战为工作效率研究提供了重要背景，该背景就是由于妇女和非熟练工人成为生产主体，任务紧迫，劳动强度大，加剧了工人疲劳程度，效率低下，影响了军用及后勤物资的供应。该阶段主要研究如何减轻疲劳及人对机器的适应问题。

人因工程学的成长时期（第二次世界大战开始至20世纪60年代）。该时期由于在军事领域开始了与设计相关学科的综合研究与应用，使"人适应机器"转入"机器适应人"的新阶段。1945年第二次世界大战结束以后，本学科的研究与应用逐渐从军事领域向工业等领域发展，并逐步应用军事领域的研究成果解决工业与工程设计中的问题。英国诞生了人因工程职业。英国（1949）、美国（1957）、日本和欧洲的许多国家先后成立了工效学学会，并出版了杂志。为了加强国际间的交流，1960年正式成立了国际人类工效学学会（IEA），该组织为推动各国的人因工程发展起了重要作用。

（二）人因工程学的发展

人因工程学的发展时期（20世纪60年代后）。该时期的人因工程学发展有三大基本趋向。

1. 研究领域不断扩大

研究领域从人机界面设计扩大到人与工程设施、人与生产制造、人与技术工艺、人与方法标准、人与生活服务和人与组织管理等要素的相互协调适应上。

2. 应用的范围越来越广泛

人因工程学的应用扩展到社会的各行各业，包括人类生活的各个领域，如衣、食、住、行、学习、工作、文化、体育、休息等各种设施用具的科学化、宜人化。

3. 在高技术领域中发挥特殊作用

现代制造系统的发展使人的作业性质发生了改变，人由操作者变成了监督控制者，体力劳动减少，脑力劳动增加。人机之间的关系发生了新的变化，只有综合应用包括人因工程在内的交叉学科理论和技术，才能使高技术与固有技术的长处很好结合，协调人的多种价值目标，有效处理高技术社会的各种问题。

（三）我国人因工程学的起源与发展

中国最早开展工作效率研究的是心理学家。20世纪30年代，清华大学开设了工业心理学课程，1935年，陈立先生出版了《工业心理学概观》一书，这是我国最早系统介绍工业心理学的著作。中华人民共和国成立以后，中国科学院心理研究所和杭州大学的心理学研究人员开展了操作合理化、技术革新、事故分析、职工培训等劳动心理学研究。20世纪70年代后期，一些研究单位和大学，成立了工效学或工程心理学研究机构，开设了工效学课程。1980年5月成立了全国人类工效学标准化技术委员会和中国心理学会工业心理专业委员会。1984年国防科工委还成立了国家军用人—机—环境系统工程标准化技术委员会。20世纪80年代末，我国已有几十所高等学校和研究单位开展了人因工程学研究与人才培养工作。许多大学开设了有关人因工程学方面的课程。1989年6月29日、30日在上海同济大学召开了全国性学科成立大会，定名为中国人类工效学学会。

二、服装人因工程学的发展

服装人因工程学是人因工程学的分支，人因工程学理论和信息使服装人因工程学更具科学性，而服装人因工程学研究的拓展也丰富了人因工程学的内容。

人因工程学的历史不过四五十年，而服装人因工程学更是新兴的学科，其内容被提及是在20世纪70年代之后，在人们注重衣食住行、学习和工作等各种设施用具的科学合理化而衍生出来，从服装舒适性的研究开始。

国外在服装人因工程学方面研究多年。美国等发达国家把研究成果主要应用于军队装备及特殊的工作环境，为使用者提供基本的防护。

我国在该领域的研究起步较晚，但也进行了大量很有价值的研究。总后勤部军需装备研究所在服装舒适性与功能、热湿传递和防护服方面做了大量的研究工作。20世纪70年代后期，总后勤部军需装备研究所研制出了中国第一代暖体假人，80年代研制成功变温暖体假人。陈东生教授，于20世纪末期出版了《服装卫生学》，在21世纪初编著出版了《现代服装测试技术》。随着学科的不断发展，学者们纷纷将人因工程与服装设计融合创新形成服装人因工程学，中国人类工效学学会顺势而为成立了"智能穿戴与服装人因工程分会"。

目前，服装人因工程学的研究方向主要有服装的功能与舒适性研究、特种功能服装的研发、智能穿戴服装的研发，以及服装人因工程学研究的特殊装备和测试仪器的研究。

第三节　人—服装—环境系统及各界面的关系

一、人—服装—环境界面结构

服装人因工程学的研究对象是人—服装—环境系统，即研究共处于同一时间和空间的人与服装以及周围环境所构成的系统。在这个系统中三者之间相互联系、相互作用，且构成要素人、服装和环境又各成系统，包含各自的子系统，如人不但有形态、运动结构、体型和性别等生理因素，还有心理需求、社会关系等精神因素；服装也由不同因素构成，从纤维、纱线、面料等服装材料到服装着装效果同样包括许多子系统，如服装材料学、服装美学、服装造型及消费心理学等。在人—服装—环境系统中，三者之间直接发生关联、牵制、影响和作用的部分称为界面。

人—服装—环境系统的界面主要研究直接与人发生相互作用的界面，按照人因工程学观点构建的界面结构如下：

（1）人是系统的核心，服装与环境的设计出发点是考虑人的因素，要满足人的需求；

（2）人—服装—环境系统的构成包含了人、服装（包括服装和着装状态）和环境三个方面；

（3）系统中包含着三类界面关系，第一类是直接与人构成的界面，即人与服装界面和人与环境界面；第二类是服装、环境之间的界面，体现为服装与环境界面，这类界面对人的作用较为间接；第三类是系统组成的内部界面关系，体现为服装与服装界面，环境与环境界面，人与人界面。本书中主要研究人与服装、人与环境的界面关系。

二、人与服装界面

1. 人与服装产品

服装在决策、设计、制造中首先要考虑人的因素，与人的身心特性相匹配，通过服装使人在精神上得到满足，如愉悦体验、美化自己和美化生活，身体上满足舒适、卫生便利等。例如，紧身运动服装色彩常常采用大红、亮橙和明黄等亮色作为主色调，据考证红色运动服装的视觉刺激会影响个人肌肉力量的表现，使人产生努力进取的精神；同时紧身运动服起着保护肌体免受损伤、能减轻负荷，增加运动自由度和满足运动的需要。生活中许多不尽如人意的服装设计往往是由于衣服界面设计不合理而导致的，例如，女士穿着大摆裙走动时，裙子易裹在大腿上而影响人体运动，这是由于服装材料产生的静电而影响了人体的运动。许多服装系统，虽然在生产过程中尽心尽力，但还是忽略了人穿用时会产生的问题。

2. 人与服装着装状态

人与服装系统中，人对服装的信息交换，除服装产品外还与服装的着装状态有关，也就是人与服装结合产生的形象所传达出的人们在审美方面的着装理念，这受到风俗、习惯、道德、礼仪的约束或社会流行的影响。因此，在服装开发中要考虑消费者的知识、经验、习惯、文化背景等各种因素，使服装达到最佳效应。

服装要达到最佳效应，一方面从设计师视角，无论是一根线条、一个色块还是一种材料都应符合人的着装要求；另一方面从着装者视角，应引导着装者注重把握自身的性格、品位、职业、年龄等个人属性，使着装后的实际效应符合自己的形体、气质、肤色等综合内容。

三、人与环境界面

人与服装系统处在一定的环境中，服装环境包括自然环境和社会环境。

自然环境，包括热、冷、空气、辐射、空间等各种环境因素，涉及温度、湿度、辐射、噪声、寄生虫、细菌和病毒等。对待这种界面，一方面通过先进技术形成防御式界面，以抵御有害环境因素，如采用抗菌面料的内衣、防辐射服装、防风透湿冲锋衣等；另一方面是改变和控制环境因素，使环境适应人，设计出各种环境组合下都能穿着的服装，如既能适应20℃的室内温度，又能适应-10℃室外温度的冬季套装。

社会环境，包括团体、人与人的关系、工作制度、社会舆论等各种社会环境因素。主要考虑着装后营造的气氛，适合公共环境和生活环境。在内容与形式上符合着装的使用目的和审美要求，包括着装的时间、季节和场合，怎样搭配会给人以和谐、丰富、条理清晰而不是生硬、杂乱和破碎的感觉，使服装在造型上美观、能弥补人体缺陷。如舞台上的演员以及主持人、公关人员和礼仪小姐等穿着的服装要创造出一流的服饰形象，塑造出自我形象。

✐ **思考题**

1. 简述人因工程学的定义及其学科发展阶段。
2. 简述服装人因工程学的定义、研究内容和研究方法。
3. 举例说明服装设计体现的人因工程学的学科思想。
4. 分析现代服装设计中存在的不合理之处以及改进方法。

第二章

人体观察与人体测量

课题名称： 人体观察与人体测量

课题内容： 1. 人体观察

2. 人体测量

课题时间： 2 课时

教学目标： 1. 掌握人体的构成要素。

2. 掌握人体的比例结构。

3. 掌握人体测量方法及应用。

4. 理解人体形变与服装的关系。

教学重点： 人体比例；人体形变与服装关系

教学方法： 线上线下混合教学

服装是人体的第二层皮肤，其设计的基础就是人体。服装的使用和观赏都离不开人，因此，人体是服装设计的中心和尺度，用于衡量和评价服装，研究和了解人体是设计服装的必要前提。

第一节　人体观察

一、人体结构

骨骼、肌肉和皮肤共同形成了人体的外部形态特征。骨骼是人体的支架，决定着人体的基本形态，制约着人体外形的体积和比例。骨骼的外面主要是肌肉，使各个具有不同功能的骨骼在关节的作用下做屈伸运动。皮肤作为保护层，一般不会造成人体表面形态的大起大落。

（一）骨骼

人体是由骨骼和肌肉组成的，骨骼是人体的框架，肌肉则依附于骨骼之上。人体共有206块骨骼，其中颅骨29块（主要由脑颅骨和面颅骨组成），躯干骨51块，四肢骨126块，如图2-1-1所示。

1. 躯干骨

躯干骨由脊柱、胸廓和骨盆三部分组成，是人体结构最大的基础体块。

（1）脊柱：人体躯干的主体骨骼，由7块颈椎、12块胸椎、5块腰椎、1块骶骨、1块尾骨和椎间盘组成。颈椎接头骨，腰椎接髋骨，整体形成背部凸起、腰部凹陷的"S"形。对服装产生影响的主要是颈椎和腰椎，其中第七颈椎点是头部和胸部的连接点，是服装基本纸样后中线的顶点；第三块腰椎是胸部和臀部的交接点，常作为服装结构中腰围线测量的理论依据。

（2）胸廓：由胸骨、12对肋骨与12个胸椎及椎间盘连接构成。胸骨位于肋骨内端的会合的中心区，人体中线从此通过。肋骨前端全部与胸骨连接，后端与胸椎连接构成完整的胸廓，其形似竖起的蛋形，关系着服装胸背部的造型。肩胛骨位于背部上端，形状呈倒三角形，其上部凸起，构成肩与背的转折点，是服装结构设计中肩省设计的理论依据。

（3）骨盆：由骶骨、耻骨、坐骨和两块髋骨组成。骶骨连接腰椎，也称为骨骶椎。髋骨位于骶骨的下方两侧，它与下肢骨的连接处称为大转子，是测量臀围的标准。骨盆（坐骨）位于躯干和下肢之间，在上装和下装的结构设计中均需充分考虑其运动的功能性。

2. 上肢骨

上肢骨包括上肢带骨和自由上肢骨两大部分，共64块骨。

（1）上肢带骨：包括锁骨和肩胛骨。锁骨位于上肢骨的最顶端，于颈部和肩部的连接位置，能够有效控制肩关节、肩颈部的活动，以及上肢的活动范围；同时，锁骨与颈和胸的交接处，是服装结构中前颈点所在。锁骨的外端与肩胛骨、肱骨上端会合构成肩关节并形成肩峰，即服装结构中的肩点。

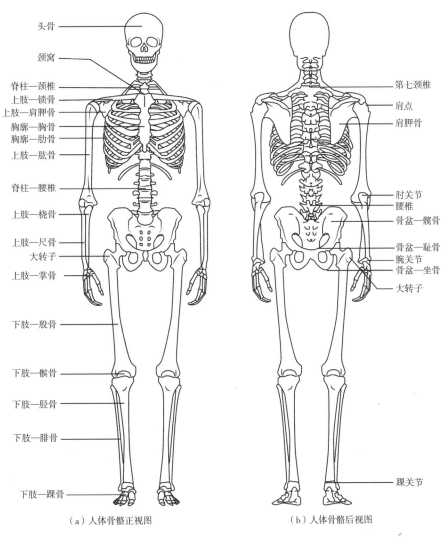

（a）人体骨骼正视图   （b）人体骨骼后视图

图2-1-1　人体的骨骼

（2）自由上肢骨：包括臂部的肱骨、尺骨、桡骨及手的8块腕骨、5块掌骨和14节指骨。其中肱骨是上臂骨骼，上端与锁骨、肩胛骨相接形成肩关节。尺骨和桡骨都属于前臂的骨骼。当人体自然直立时，两骨骼的位置为"内尺外桡"；它的上端与肱骨前端相接形成肘关节，前端与掌骨连接构成腕关节。肘关节的凸点是尺骨，关节只能前屈，是袖弯、袖省设计的依据，腕关节的凸点也是尺骨，是基本袖长的标准。

3. 下肢骨

下肢骨由62块骨组成，包括股骨、髌骨、胫骨、腓骨及7块跗骨、5块跖骨和14块趾骨。股骨是大腿的骨骼，上端与髋骨连接，下端与髌骨、胫骨、腓骨会合后形成膝关节。髌骨是通常所说的膝盖，位于股骨、胫骨和腓骨会合处的中间，组成膝关节，只能后屈，是服装中衣长、裙长、裙摆设计的依据。胫骨和腓骨均为小腿骨骼，胫骨位于内侧、腓骨位于外侧，胫骨和腓骨的上端与髌骨、股骨会合，下端与踝骨相接，形成踝关节。腓骨与踝骨会合处的凸起点是腓骨头，是裤长的基本点。

综上所述，由于人体骨骼各部分之间的相互连接，构成了人体的基本骨架，基本骨架的静态与动态特征构成了服装纸样设计的基本结构点，如表2-1-1所示。

表2-1-1　基本骨架与服装纸样结构的关系

躯干	前颈点	基本领口与前中线交点
	后颈点	基本领口与后中线交点
	腰节	腰线的标准
上肢	肩点	衣身与袖的交界点
	肘关节	袖的基准线
	尺骨头	袖长的标准
下肢	大转子	臀围线的标准
	膝关节	下装变化的基准线
	腓骨头	裤长的标准

（二）肌肉

肌肉在人的身体中分布很广泛，全身共有639块肌肉，分布较为复杂。其中骨骼肌是与人体外形密切相关的，它附着于骨骼和骨骼之间。图2-1-2所示为侧面体下肢纵向的肌肉附着模型图，是与人体运动有关且形成人体外形的主要肌肉图。前屈和后伸运动是由背部和腹部肌群对抗平衡的结果。服装穿着时拉伸压迫均是由前屈、后伸以及上肢下肢运动引起的，了解人体肌群有助于理解纸样设计如何体现人体造型美的需要。

1. 躯干及颈部肌系

躯干肌肉主要由胸大肌、腹直肌、腹外斜肌、前锯肌、斜方肌、背阔肌、臀大肌等肌肉组成，它们的结构关系构成了躯体的基本形态，如图2-1-3～图2-1-5所示。

（1）胸锁乳突肌：上起耳根后部，下至锁骨内端形成颈窝，同时与锁骨构成的夹角在肩的前面形成凹陷，因此在制作合体服装时，通常在靠近侧颈点三分之一处做"拔"的处理。与胸锁乳突肌对应的后背部有肩胛骨的存在，因此形成了前凹后凸的肩部造型，即贴身服装纸样设计中肩线后长前短的原因。

（2）胸大肌：位于胸骨两侧，左右对称状，外侧与肩三角肌会合形成腋窝。胸大肌为胸廓最丰满的部位，女性由于乳房结构显得更为突出，是测量胸围的依据。

（3）腹直肌：上部与胸大肌相连，下部与耻骨相连。腹直肌与耻骨相连处形成沟壑，称为腹肌沟。由此得到的腰凹是测量腰围的依据，腹凸是测量腹围的依据，在纸样设计中起着非常重要的作用。

（4）腹外斜肌和前锯肌：分别位于腹直肌两侧和侧肋骨的表层。腹外斜肌前身上部接前锯肌，后身上部接背阔肌。腹外斜肌与前锯肌会合于腰节线处，形成了躯干中最细的部位。

（5）斜方肌：上起头部枕骨，向下左右延伸至肩胛骨外端，下部延伸至胸椎尾端，在后背中央形成菱形状。因此，其外缘形成自上而下的肩斜线，由此可知，斜方肌越发达肩斜程度就越大，肩背隆起就越明显。

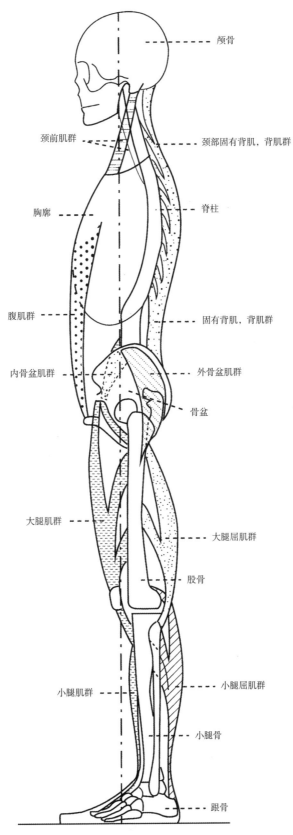

颅骨

颈前肌群

颈部固有背肌，背肌群

胸廓

脊柱

腹肌群

固有背肌，背肌群

内骨盆肌群

外骨盆肌群

骨盆

大腿肌群

大腿屈肌群

股骨

小腿肌群

小腿屈肌群

小腿骨

跟骨

图2-1-2 人体躯干、下肢肌肉模型图

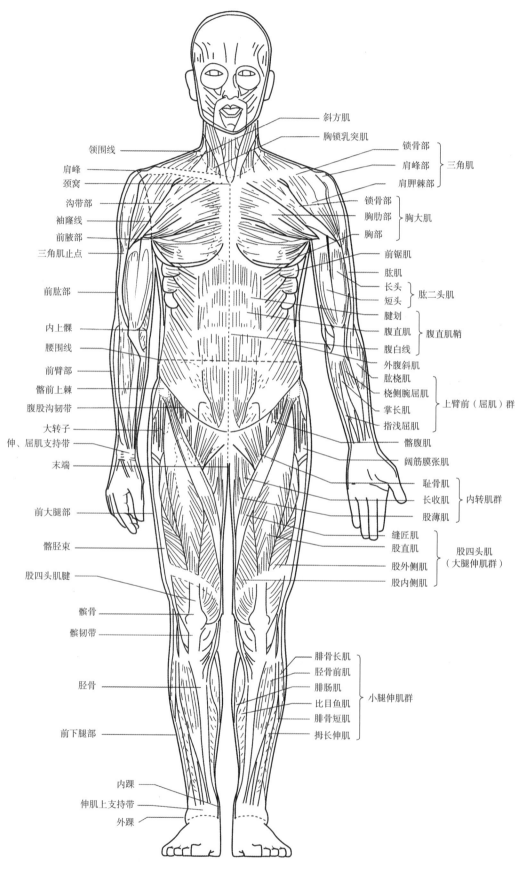

斜方肌
胸锁乳突肌
领围线
锁骨部
肩峰部 } 三角肌
肩胛棘部
肩峰
颈窝
沟带部
锁骨部
袖窿线
胸肋部 } 胸大肌
前腋部
胸部
三角肌止点
前锯肌
肱肌
长头
短头 } 肱二头肌
前肱部
内上髁
腱划
腰围线
腹直肌 } 腹直肌鞘
前臂部
腹白线
髂前上棘
外腹斜肌
腹股沟韧带
肱桡肌
桡侧腕屈肌
掌长肌 } 上臂前（屈肌）群
大转子
指浅屈肌
伸、屈肌支持带
髂腹肌
末端
阔筋膜张肌
耻骨肌
长收肌 } 内转肌群
股薄肌
前大腿部
缝匠肌
股直肌
髂胫束
股外侧肌 } 股四头肌（大腿伸肌群）
股四头肌腱
股内侧肌
髌骨
髌韧带
腓骨长肌
胫骨前肌
胫骨
腓肠肌
比目鱼肌 } 小腿伸肌群
腓骨短肌
前下腿部
拇长伸肌
内踝
伸肌上支持带
外踝

图2-1-3 人体肌肉正视图

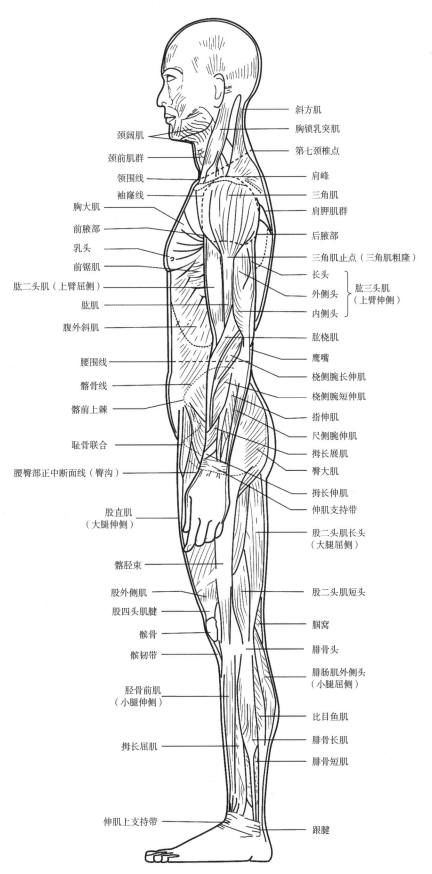

斜方肌
胸锁乳突肌
第七颈椎点
肩峰
三角肌
肩胛肌群
后腋部
三角肌止点（三角肌粗隆）
长头
外侧头
内侧头
肱三头肌
（上臂伸侧）
肱桡肌
鹰嘴
桡侧腕长伸肌
桡侧腕短伸肌
指伸肌
尺侧腕伸肌
拇长展肌
臀大肌
拇长伸肌
伸肌支持带
股二头肌长头
（大腿屈侧）
股二头肌短头
腘窝
腓骨头
腓肠肌外侧头
（小腿屈侧）
比目鱼肌
腓骨长肌
腓骨短肌
跟腱

颈阔肌
颈前肌群
领围线
袖窿线
胸大肌
前腋部
乳头
前锯肌
肱二头肌（上臂屈侧）
肱肌
腹外斜肌
腰围线
髂骨线
髂前上棘
耻骨联合
腰臀部正中断面线（臀沟）
股直肌
（大腿伸侧）
髂胫束
股外侧肌
股四头肌腱
髌骨
髌韧带
胫骨前肌
（小腿伸侧）
拇长屈肌
伸肌上支持带

图2-1-4　人体肌肉侧视图

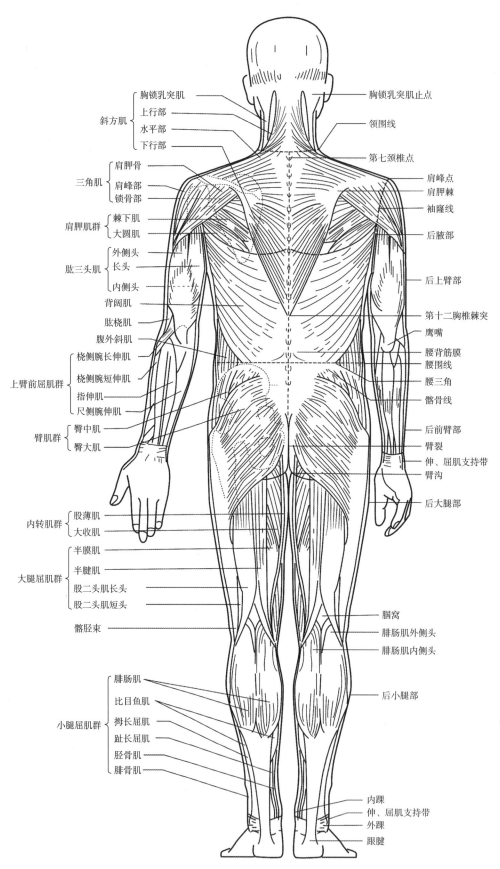

胸锁乳突肌
斜方肌 { 上行部 / 水平部 / 下行部 }
三角肌 { 肩胛骨 / 肩峰部 / 锁骨部 }
肩胛肌群 { 棘下肌 / 大圆肌 }
肱三头肌 { 外侧头 / 长头 / 内侧头 }
背阔肌
肱桡肌
腹外斜肌
上臂前屈肌群 { 桡侧腕长伸肌 / 桡侧腕短伸肌 / 指伸肌 / 尺侧腕伸肌 }
臀肌群 { 臀中肌 / 臀大肌 }
内转肌群 { 股薄肌 / 大收肌 }
大腿屈肌群 { 半膜肌 / 半腱肌 / 股二头肌长头 / 股二头肌短头 }
髂胫束
小腿屈肌群 { 腓肠肌 / 比目鱼肌 / 拇长屈肌 / 趾长屈肌 / 胫骨肌 / 腓骨肌 }

胸锁乳突肌止点
领围线
第七颈椎点
肩峰点
肩胛棘
袖窿线
后腋部
后上臂部
第十二胸椎棘突
鹰嘴
腰背筋膜
腰围线
腰三角
髂骨线
后前臂部
臀裂
伸、屈肌支持带
臀沟
后大腿部
腘窝
腓肠肌外侧头
腓肠肌内侧头
后小腿部
内踝
伸、屈肌支持带
外踝
跟腱

图2-1-5 人体肌肉后视图

男、女的斜方肌存在差异，男性斜方肌更为突出，形成了明显的倒三角体型。此外，斜方肌也影响着肩部和背部的结构造型。同时，斜方肌与胸锁乳突肌的交叉结构形成了颈与肩的转折，即转折点为颈侧点，在服装结构设计中为领口设计的依据。

（6）背阔肌：位于斜方肌下端两侧，其侧面与前锯肌会合，形成了背部隆起，男性较女性而言，更为突出。左、右背阔肌下方中间相夹的是腰背筋膜，是一种位于腰部的很有韧性的薄纤维组织。背阔肌与腰部构成上凸下凹的体型特征，是服装结构设计中背部收腰的依据。

（7）臀肌群：位于腰背筋膜下方，由臀中肌和臀大肌组成。臀大肌是臀部最丰满处，与其相对应的前身为耻骨联合的三角区。臀大肌所在的最高处与大转子点位于同一截面，是测量臀围的依据。

躯干肌肉的形体特征是服装结构设计的重要依据。通过上述的分析可以得出以下几点结论：

第一，躯干是由腰部将胸廓与臀部连接起来，呈现为平衡的运动体，从静态观察其形态特征，如图2-1-2与图2-1-4所示，从人体侧视图方向看，胸廓的最凸点为乳点，背部的最凸点为肩胛骨，乳点相较肩胛骨更为接近腰部，因此形成了向后斜切的蛋形。在服装结构中前、后省的确定时，前身胸省短于后背省。

第二，臀部是一个与胸廓方向相反的倾斜蛋形，在前、后裙片或裤片结构设计中，腰线设计为前高后低，腹省短而臀省长。

2. 上肢肌系

上肢肌系主要是由肩三角肌、肱二头肌、肱三头肌以及前臂的伸肌群和屈肌群构成。上肢肌系的结构对于非特殊功能服装的设计影响不大。

（1）肩三角肌：由锁骨部、肩峰部和肩胛棘部构成；与锁骨外端会合形成肩头，与胸大肌相交形成腋窝，下部前端与肱二头肌相连，后端与肱三头肌相连。

（2）肱二头肌和肱三头肌：肱二头肌位于上臂部前侧与肩三角肌会合处，肱三头肌位于上臂部后侧与肩三角肌会合处。

（3）前臂的伸肌群与屈肌群：组成前臂的主要肌肉，起伸屈的作用。

3. 下肢肌系

下肢肌系是由以髌骨为界点的大腿和小腿组成的表层肌。

（1）内转肌群：由人体正视图的耻骨肌、长收肌、股薄肌与人体后视图的股薄肌、大收肌构成。

（2）大腿肌群：大腿伸肌群由缝匠肌、股直肌、股外侧肌与股内侧肌组成，这些是构成大腿前部隆起的关键肌肉；大腿屈肌群由半膜肌、半腱肌、股二头肌长头与股二头肌短头组成。由于臀大肌呈凸起状，大腿后部肌肉对下装结构影响不大。

（3）小腿肌群：小腿的肌肉主要在后部，主要由外腓肠肌和内腓肠肌组成。

4. 皮下脂肪体和皮肤

人体的皮肤是作为保护层生长的，可以描述为一件没有接缝的紧身一片式衣服。皮肤组织密集而薄，因此不对人体外形构成影响。而皮下脂肪体根据人的生活习惯，地域、职业、性别和年龄有所不同。皮下脂肪组织分为储藏脂肪和构造脂肪。储藏脂肪遍布全身，组成皮下脂肪层，形成人体的外形和性别差；构造脂肪与关节的填充脂肪有关。

皮下脂肪层与人体的外形有着密切的关系，形成了体表的圆顺与柔软，是服装结构设计必须考虑的因素。图2-1-6所示的皮下脂肪体，其状态可分为局部沉积（脂肪中心带、脂肪减少部位）和填充脂肪。从图中可以看出体型变化方向和服装结构之间的关系。

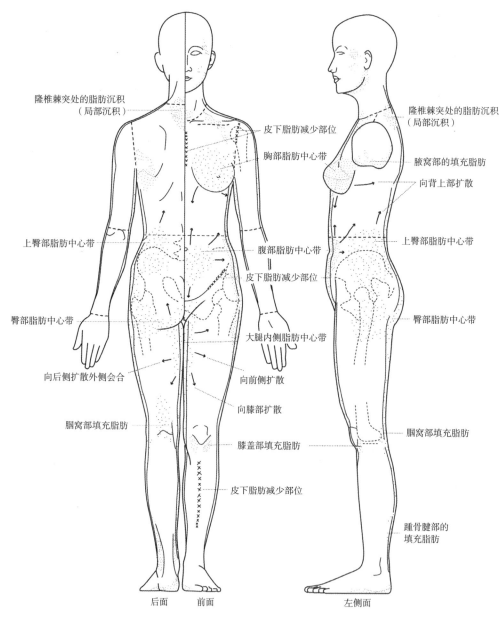

图2-1-6 人体皮下脂肪体、脂肪中心带、扩散方向及减少部位

皮下脂肪的沉积女性通常较多，图2-1-6所示以女性为主，而图中的分布状况（点分布）把男女合在一起。图中脂肪中心带为：胸部脂肪中心带、腹部脂肪中心带、上臀部脂肪中心带、臀部脂肪中心带以及大腿内侧脂肪中心带，由此为中心的箭头表示皮下脂肪越来越少的方向。因此，可以了解皮下脂肪的分布状况，从而更好地理解人体脂肪沉积引起的体型变化。人体皮下脂肪分布与服装结构设计的关系如表2-1-2所示。

表2-1-2 人体皮下脂肪分布与服装结构设计的关系

全身性	部分性
①脂肪沉积引起男、女体型差异 ②脂肪沉积引起普通体型向肥胖体型变化 ③随年龄增加，脂肪沉积逐渐增多 ④局部脂肪沉积引起体型变化： 　a.腹部、臀部、大腿、乳房、肩胛、上臂、颈部、小腿等肥胖的体型 　b.上半身肥胖，下半身较瘦的体型 　c.上半身较瘦、下半身肥胖的体型	①隆椎（第七颈椎）棘突高起处脂肪沉积引起的后颈部分的变形，关系到后领围中心的合体性 ②以乳房为中心的胸部脂肪中心带，关系到省道、分割线、运动时的安定性 ③腹部脂肪中心带，关系到前衣片的省道调整、腰围位置的设定 ④上臀部脂肪中心带，关系到腰部构造线的弧线及其周围省道等形成的合体性 ⑤臀部脂肪中心带，关系到下半身服装后部的合体性和裆缝线的合体性 ⑥大腿内侧脂肪中心带，关系到运动时裤子内侧部分偏移的舒适性 ⑦皮下脂肪减少部位形成的凹陷部分，关系到服装的合体性设计

二、人体比例

人体的比例，在体型表达及款式设计中起着非常重要的作用。比例化的目的是把人体作为美的对象，在数字上或者在视觉上来把握、理解和应用。服装设计常用的比例有以下几种：

（1）人体的宽度与高度的比例。

（2）服装各部位的比例。

（3）制作时的实际比例。

（4）设计时的表现比例。

（5）着装、款式中的同存化比例。

人体比例一般以头高为计算单位。根据种族、性别、年龄的不同而有所差异，亚洲一般采用七头高的成人人体比例，欧洲一般采用八头高的人体比例。七头高和八头高是正常成人体型的标准比例，在结构设计、纸样制作中应用较为广泛。

（一）七头高人体比例关系

图2-1-7所示为七头高人体各分割线对应的身体部位。分割线与身体部位的关系如下：

0——头顶 ⎤
　　　　　├—全头高（计量单位）
1——颌尖 ⎦

2——乳头（大致在乳头下限位置）

3——脐下（大致在肚脐眼下限位置）

4——拇指根（大致在拇指根位置）

5——膝头上（膝盖骨上沿）

6——中胫（大致胫骨中间）

7——地面（脚底板）

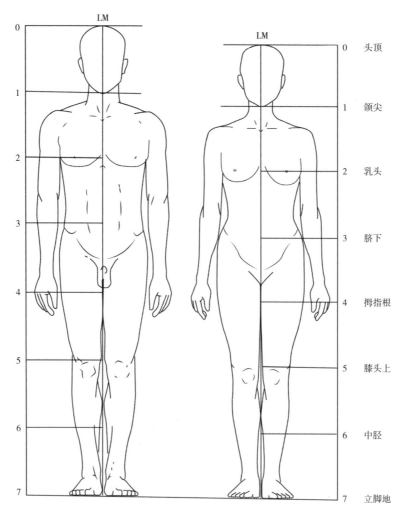

图2-1-7 七头高人体各分割线对应的身体部位

1. 身体各部位比例

（1）中指长≈1/2头高：如图2-1-8所示，从中指（第3指）根部到指尖的长度大致等于头长的1/2（眼睑线或耳上根部的位置）。

（2）头高≈前臂长≈脚长：如图2-1-9所示，前臂长（从肘端点到手腕尺骨的长度）以及脚长（从后脚跟到脚趾的长度）大致与头长相等。

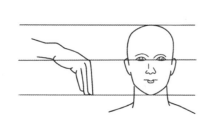

图2-1-8 中指长≈1/2头高

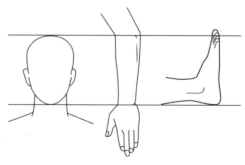

图2-1-9 头高≈前臂长≈脚长

（3）肩峰点位置：肩峰点位置在服装结构设计中有着重要的作用。如图2-1-10所示，肩峰位置分布在自上而下1/3的位置，这是一个基准点，比它低则为斜肩，比它高则为耸肩，但也不能一概而论，因为它的影响因素与侧颈点的高低有关。

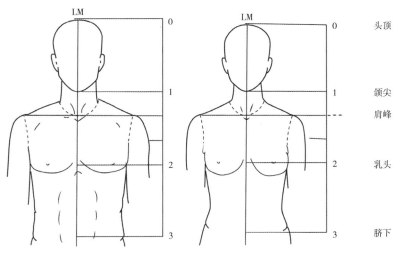

图2-1-10 肩峰点位置

（4）肩宽与臀宽比例：图2-1-11所示为臀宽（臀部外侧最凸出位置之间的距离）与肩宽的比例。从肩峰点引垂线向下相交于臀宽线：根据男性体型可以得知，臀宽与肩宽相等或者臀宽略小于肩宽；而女性体型则刚好相反，臀宽与肩宽同宽或臀宽略大于肩宽。将两肩宽点与两臀宽点连成四边形，可以得知女性体型呈现正梯形，男性体型呈现倒梯形。

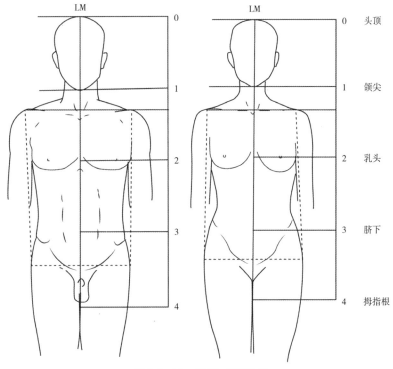

图2-1-11 肩宽与臀宽比例

（5）腰围线与臀底点位置：图2-1-12所示为腰围线与臀底点的位置关系图。腰围线一般是固定位置，是最为恰当的上下半身的分割线，更是衣用人体比例化必需的部位之一。女性的腰围线位于乳头2至脐下3，在脐下3向上1/3的位置；男性的腰围线则在脐下3向上1/6左右的位置。

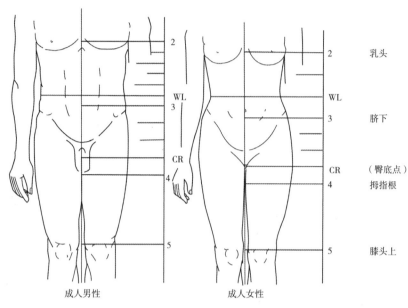

图2-1-12　腰围线与臀底点位置

此外，臀底点也是服装的固有部位，是裤子裆长必要的位置，男女比例几乎相同。臀底点处于脐下3至拇指根4，由拇指根4向上1/4左右的位置。

（6）手肘与手腕位置：图2-1-13所示为手肘、手腕位置的关系图。肘头的位置，男女都在乳头2至脐下3，从脐下3侧向上1/3左右处，而且女性大致与腰围线同水平线。

手腕的位置是脐下3至拇指根4，从拇指根4向上1/3左右的位置。

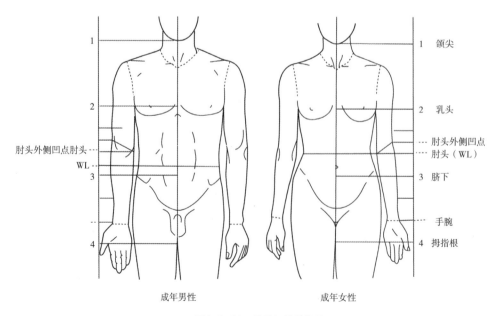

图2-1-13　手肘与手腕位置

（7）身长≈两指尖间距：图2-1-14所示为身长≈两指尖间距示意图。人体在直立状态时，上肢左右展平，左右手中指指尖间的长度与身长相等，可形成一个正方形。

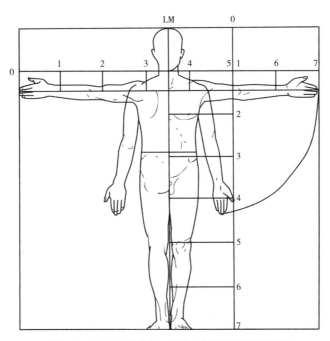

图2-1-14　7头身身长≈上肢左右展平时两指尖间距

（8）动体位姿势比例：图2-1-15所示为人体处于站立、椅坐、下蹲以及着地坐四种形态示意图。当人体坐在椅子上时，高度约为直立时的75%，眼睛位于乳头高位置；当人体下蹲时，高度约为直立时的62.5%，头顶高度与椅坐状态时下颌高度相等，眼睛位于脐下位置（即脐下3）；当人体着地坐时，高度约为直立状态时的50%，手腕位置高度约为直立状态时的25%。

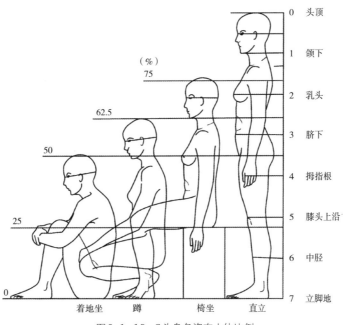

图2-1-15　7头身各姿态人体比例

2. 年龄层、性别的比例

不同的年龄层身高有着不同的比例关系，了解由年龄引起的体型变化和男女体型差异，可以帮助我们进行体型变化的推测、测量及其处理，可以在制定尺码时进行体型覆盖率的研究，研究尺码的制定以及推档的方向，了解时装画年龄层的表达，同时也可以了解高覆盖率体型款式的形成。

图2-1-16所示为男性0~25岁的头身比例，图2-1-17所示为女性0~25岁的头身比例。从图中可以看到上下半身的成长比例，婴儿（1周岁以下）约为4头身；幼儿（2~3周岁）头身比例在4.3与5之间；儿童期头身比例变化较大；当年龄超过16周岁后，头身比例基本不再变化。

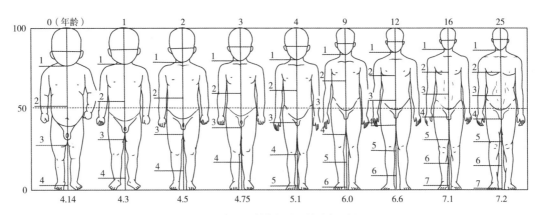

图2-1-16　男性各年龄层的头身比例

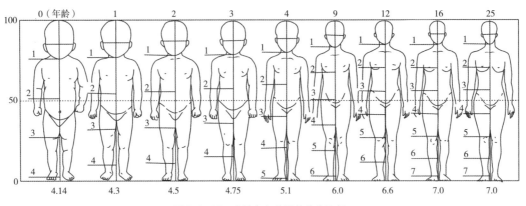

图2-1-17　女性各年龄层的头身比例

（二）人体体型

人体的外形轮廓是一个复杂的曲面体，服装是包裹人体的第二层皮肤，要想把平面的面料做成适合人体曲线的服装，就需要了解人体的体型特征，掌握各种不同体型的数据资料，以此为依据进行服装的纸样制作。

1. 体型的分类

人体体型在人的成长过程中是不断变化的，其变化受遗传、生理、年龄、职业、健康以及生长环境等多种因素的影响，情况较为复杂，体型有以下几种分类方式。

（1）从整体体型分：图2-1-18所示为整体体型分类。

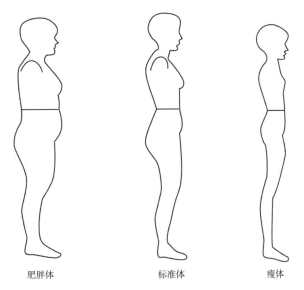

肥胖体　　　　　　标准体　　　　　　瘦体

图2-1-18　整体体型分类

① 标准体：身体高度与围度比例协调，且没有明显缺陷的体型，称为正常体。

② 肥胖体：身体矮胖，体重较重，围度相对身高较大，骨骼粗壮，皮下脂肪厚，肌肉较发达，颈部较短，肩部宽大，胸部短宽深厚，胸围大。

③ 瘦体：身体瘦高，体重较轻，骨骼细长，皮下脂肪少，肌肉不发达，颈部细长，肩窄且圆，胸部狭长扁平。

（2）从身体部位形态分（除正常体外的特殊体型）：

第一类：胸背体（图2-1-19）

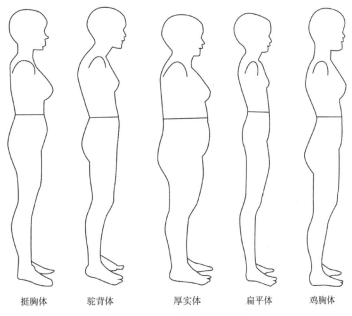

挺胸体　　　　驼背体　　　　厚实体　　　　扁平体　　　　鸡胸体

图2-1-19　胸背体体型分类

① 挺胸体：胸部挺起，背部较平，胸宽尺寸大于背宽尺寸。在正常体中，一般胸宽尺寸小于背宽尺寸。

② 驼背体：背部圆而宽，胸宽较窄，由于身体前屈，往往在穿正常体的服装时，会前长后短。

③ 厚实体：身体前、后厚度较大，背宽与肩宽较窄。

④ 扁平体：身体前、后厚度较小，是一种较干瘦的体型，常伴以肩宽较大。

⑤ 鸡胸体：胸部中间部位隆起，一般伴以肩平、体瘦。

第二类：腹部（图2-1-20）

① 凸肚体：包括腹部肥满凸出及腰部肥满凸出两种。

② 凸臀体：臀部隆起状态较正常体大，多见于肥胖体。

③ 平臀体：臀部隆起状态较正常体小，多见于瘦体。

第三类：颈部（图2-1-21）

① 短颈：颈长较正常体短，肥胖体和耸肩体居多。

② 长颈：颈长较正常体长，瘦型体和垂肩体居多。

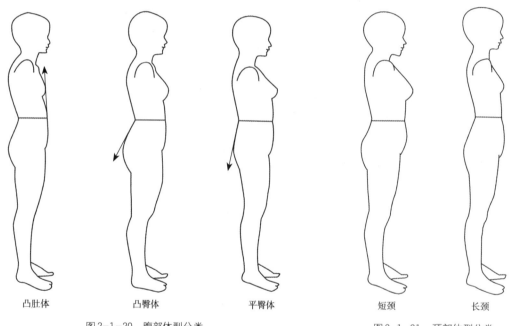

| 凸肚体 | 凸臀体 | 平臀体 | | 短颈 | 长颈 |

图2-1-20　腹部体型分类　　　　　　　　图2-1-21　颈部体型分类

第四类：肩部（图2-1-22）

① 耸肩：肩部较正常体挺而高耸。

② 垂肩：与耸肩相反，肩部缓和下垂。

③ 高低肩：左、右肩高不均衡。

第五类：腿部（图2-1-23）

① X型腿：腿型呈现向外弯曲的形状。

② O型腿：腿型呈现向内弯曲的形状。

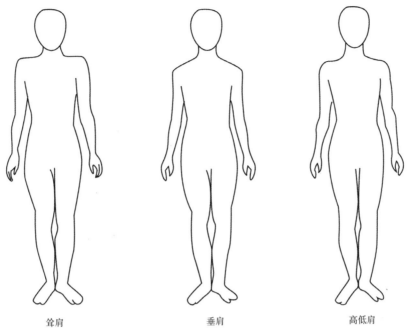

耸肩　　　　　　　　　　垂肩　　　　　　　　　　高低肩

图2-1-22　肩部体型分类

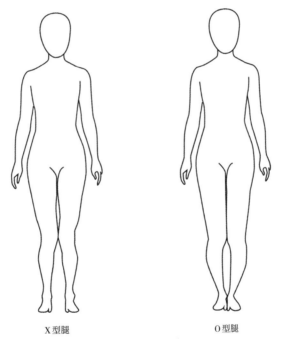

X型腿　　　　　　　　　　O型腿

图2-1-23　腿部体型分类

2. 不同性别、不同年龄层人群的体型差异

男女老幼由于性别、年龄层的不同，他们的体型差异也有所不同。

（1）青年男女体型差异：男、女体型差异主要表现在躯干部，主要由骨骼的长短、粗细和肌肉、脂肪的多少引起的。

骨骼是形成人体年龄差、性别差及体格、姿势的支柱。图2-1-24所示为青年女性和青年男性的骨骼正面图。从图2-1-24中可知，女性骨骼细小，男性骨骼粗大；女性胸廓狭小，男性胸廓宽大；女性骨盆较宽，男性骨盆较窄；女性肩骨窄、髋骨宽，形成了正梯形，男性肩骨宽、髋骨窄，形成了倒梯形。由于生理功能的不同，女性骨盆比男性骨盆宽而短且前倾，造成了女性臀部阔大后突的特点。

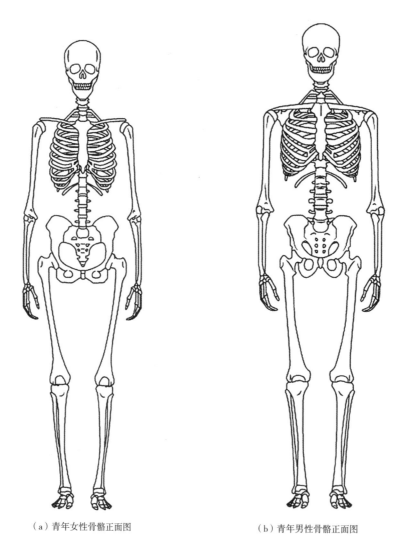

（a）青年女性骨骼正面图　　　　　　　　（b）青年男性骨骼正面图

图2-1-24　成年人骨骼正面图

肌肉使人体保持处于立体的曲面形状。男性体胸部宽阔而平坦，乳房不发达，腰部较女性宽，背部凹凸明显，脊椎弯曲度较小。正常男子前腰节比后腰节短1.5cm。女性体胸部较狭而短小，青年女性胸部隆起丰满，随着年龄增长和生育等因素的影响，乳房增大，并逐渐松弛下垂。腰部较窄，臀腹部较浑圆，背部凹凸不明显，脊椎骨弯曲较大，尤其站立时，腰后部弯曲度较明显。亚洲女性的前腰节比后腰节长1~1.5cm。

（2）老年体：图2-1-25所示为老年体侧面图。老年人的体型随着生理机能的衰退，部位关节软骨萎缩，两肩略下降，胸部外形也变得扁平，皮下脂肪增多，腹部较大且向前突出，松弛下坠，脊椎弯曲度增大。

（3）儿童体：儿童体型处于生长发育阶段，变化比较明显，但在不同阶段变化情况也有所不同。

① 幼儿期（1～6岁）：这个阶段的幼儿胸部小于腹部，胸部较短而阔，腹部圆且突出，背部较平坦，肩胛骨显著于外表，中腰部位不明显，整个体型呈浑圆状态，男女无明显区别。

② 学童期（6～12岁）：这个阶段的男女童之间在体型和性格上都逐渐出现差别。这一阶段的体型变化规律为腰围增长缓慢，胸围和臀围的增长相对较快，逐渐显现出躯干曲线。

③ 中学生期（12～15岁）：这个阶段是向成年体型转变的一个重要阶段，也可以说是人体的定型阶段。女性的胸部和臀部日趋丰满，变化最大，腰部的变化仍较缓慢，使躯干的曲线日趋完美，皮下脂肪丰满，逐渐发展成脂肪型体型；男性的体高和胸围均有大的增长，肩宽和胸部增宽，骨骼和肌肉发育较快，但男性的皮下脂肪层厚度远不及女性，发展成肌肉型体型。

图2-1-25 老年体

第二节 人体测量

为了对人体体型特征有正确、客观的认识，需要把人体各部位的体型特征数字化，用精确的数据表示身体各部位的特征，因此，对人体尺寸的测量是进行体型分析和研究的基础。

一、服装人体静态测量方法及应用

人体测量是人体体型分析的基础，根据研究目的的不同，对人体测量的部位和所采取的测量方法也有所不同。目前，在服装领域的人体测量方法有接触式测量法和非接触式测量法两种。

（一）测量概述

1. 人体测量的基本术语

国标GB/T 5703—2010中规定了人因工程学使用的人体测量术语。根据标准规定，只有在被测者姿势、测量基准面、测量方向、测点等符合测量要求的前提下，测量数据才是有效的。

被测者姿势分为立姿和坐姿，如图2-2-1、图2-2-2所示。

立姿：指被测者挺胸直立，头部以眼耳平面定位，眼睛平视前方，肩部放松，上肢自然下垂，手伸直，手掌朝向体侧，手指轻贴大腿侧面，自然伸直膝部，左、右足后跟并拢，前端分开，使两足大致呈45°夹角，体重均匀分布于两足。

坐姿：指被测者挺胸坐在被调节到腓骨头高度的平面上，头部以眼耳平面定位，眼睛平视前方，左、右大腿大致平行，膝弯屈大致成直角，足平放在地面上，手轻放在大腿上。

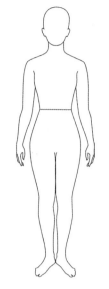

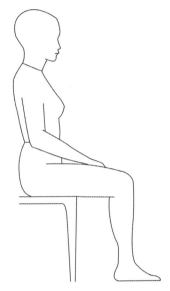

图2-2-1　立姿测量示意图　　　　　　图2-2-2　坐姿测量示意图

2. 人体测量基准面

人体测量基准面是由三个互相垂直的轴（垂直轴、横轴和纵轴）构成的。人体测量中设定的轴线和基准面如图2-2-3所示。

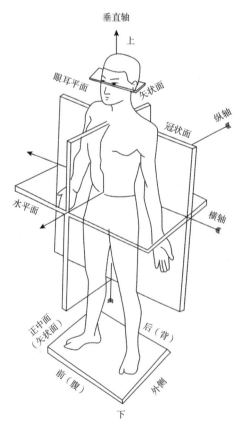

图2-2-3　人体测量基准面和基准轴

（1）矢状面：通过垂直轴和纵轴的平面及与其平行的所有平面都称为矢状面。

（2）正中矢状面：在矢状面中，把通过人体正中线的矢状面称为正中矢状面。正中矢状面将人体分为左、右对称的两部分。

（3）冠状面：通过垂直轴和横轴的平面及与其平行的所有平面都称为冠状面。冠状面将人体分为前、后两部分。

（4）水平面：与矢状面和冠状面同时垂直的所有平面都称为水平面。水平面将人体分为上、下两部分。

（5）眼耳平面：通过左、右耳屏点及右眼眶下点的水平面称为眼耳平面或法兰克福平面。

3. 测量方向

（1）在人体上、下方向上，将上方称为头侧端，将下方称为足侧端。

（2）在人体左、右方向上，将靠近正中矢状面的方向称为内侧，将远离正中矢状面的方向称为外侧。

（3）在人体四肢上，将靠近四肢附着部位的称为近位，将远离四肢附着部位的称为远位。

（4）在人体上肢中，将桡骨侧称为桡侧，将尺骨侧称为尺侧。

（5）在人体下肢中，将胫骨侧称为胫侧，将腓骨侧称为腓侧。

4. 基本测点及测量项目

在国标GB/T 5703—2010中规定了人因工程学中人体测量参数的测点及测量项目：头部测点16个，测量项目12项；躯干和四肢部位的测点共22个，测量项目共69项，其中立姿40项，坐姿22项，手和足部6项，体重1项。

5. 测量要求

立姿时站立的地面或平台，以及坐姿时的椅平面应是水平的、稳固的、不可压缩的。

被测者应裸体或穿着尽量少的内衣（如只穿内裤和背心）测量，在穿着内衣的情况下，测量胸围时，男性应撩起背心，女性应松开胸罩后再进行测量。

6. 常用人体测量项目

GB 10000—1988是1989年7月开始实施的我国成年人人体尺寸国家标准，该标准根据人因工程学要求提供了我国成年人人体尺寸的基础数据，适用于工业产品设计、建筑设计、军事工业以及工业的技术改造和劳动安全保护等。

（1）人体主要尺寸：国标GB 10000—1988给出身高、体重、上臂长、前臂长、大腿长、小腿长共6项人体主要尺寸数据，除体重外，其余5项主要尺寸的部位测量示意图如图2-2-4（a）所示。

（2）立姿人体尺寸：该国标中提供的成年人立姿人体尺寸，包括眼高、肩高、肘高、手功能高、会阴高、胫骨点高共6项，如图2-2-4（b）所示。

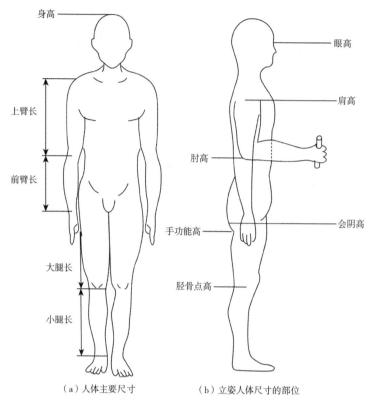

（a）人体主要尺寸 （b）立姿人体尺寸的部位

图2-2-4 立姿人体主要尺寸

（3）坐姿人体尺寸：国标中的成年人坐姿人体尺寸，包括坐高、坐姿颈椎点高、坐姿眼高、坐姿肩高、坐姿肘高、坐姿大腿厚、坐姿膝高、小腿加足高、坐深、膝臀距、坐姿下肢长共11项，坐姿尺寸部位测量如图2-2-5所示。

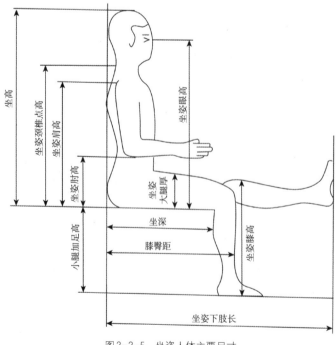

图2-2-5 坐姿人体主要尺寸

（4）人体水平尺寸：国标中所提供的人体水平尺寸，包括胸宽、胸厚、肩宽、最大肩宽、臀宽、坐姿臀宽、坐姿两肘间宽、胸围、腰围、臀围共10项，部位测量如图2-2-6所示。

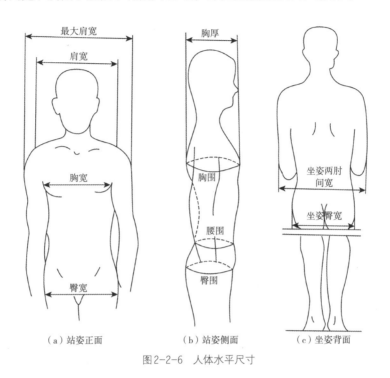

（a）站姿正面　　　　　　　（b）站姿侧面　　　　　　　（c）坐姿背面

图2-2-6　人体水平尺寸

（二）接触式测量法

1. 马丁测量尺

马丁测量尺是使用最多的传统接触式测量仪器，由各种不同的测量工具组成，用于精确客观地测量人体的尺寸和体型，包括高度、长度、厚度、深度以及各部位的直径等。它以人体的骨骼端点或关节点为计测点，基准线为水平截面进行测量。整套马丁尺是采用合金钢制成的特种量具，因温差所引起的测量器具误差小，测量精度高。

整套马丁尺包括：身长尺、横规、触角计、滑动计、直尺、钢卷尺等，如图2-2-7所示。其中身长尺用于测量站高、坐高等身体各部位的垂直高度，从地面开始测量，测量范围为0～1950mm。横规用于测量身体两点间的距离，如肩宽、胸宽和胸厚、腰宽和腰厚、上肢长、下肢长等，直线横规的测量范围为30～270mm/mm，触角横规的测量范围为150～270mm/mm。触角计是测量头骨、颊骨、腰宽等部位的直径和长度，测量范围为0～450mm/mm。滑动计用于测量小尺寸的长

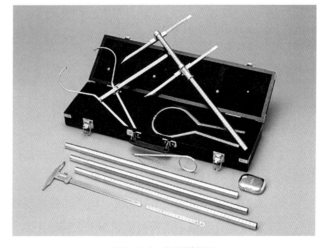

图2-2-7　马丁测量尺

度，如鼻宽、耳朵宽、嘴宽、手长、足长和足宽等，测量范围为0～200mm/mm。直尺用于测量直线距离，通常辅助其他工具测量小距离直线长度，测量范围为0～150mm/mm。钢卷尺用于测量围度和曲线的长度，测量范围为0～2000mm/mm。

采用马丁测量尺测量时，人体的基本姿势有立姿和坐姿两种（参见图2-2-1、图2-2-2）。

2. 滑动量规人体测量仪

如图2-2-8所示，滑动量规测量法也称作截面测量法，它是通过移动前、后水平排列的细滑动杆，使其接触身体并记录截面形态。滑动杆的排列方式分为水平并排和垂直并排两种。

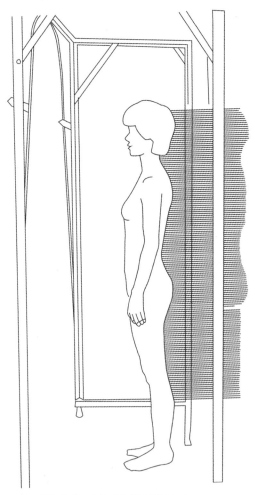

图2-2-8　人体垂直截面测量示意图

水平截面计测的测量方法为：

（1）在人体体表标记计测点（根据所需截面的部位决定）以及前中线（FML）、后中线（BML）及体侧垂直线（VL）等计测基准线。

（2）将滑动杆调整到计测点高度，使滑动杆轻轻接触身体后截取平面形态。

（3）将滑动杆所显示的截面形状在纸上描绘下来，同时在纸上标记出前、后中线和体表垂直线的位置。在利用滑动杆的后端记录形态时，前、后形态需分别记录，如图2-2-9所示。

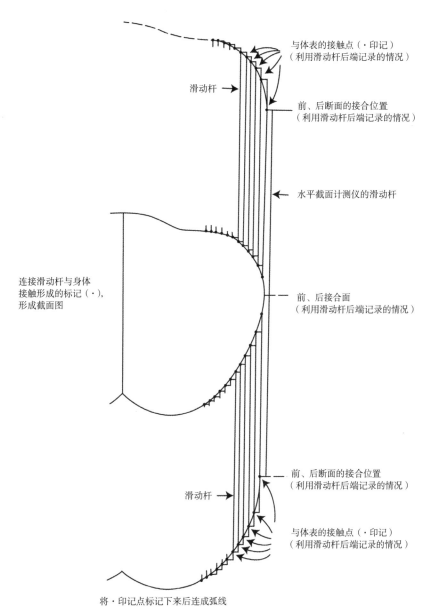

图2-2-9 通过水平截面计测仪获取横截面形态

（4）计测完成后，将前、后的截面合成为一个。

垂直截面计测的操作顺序与水平截面计测相同，只是计测点和形态拓取中所设定的基准线有所不同。可以间隔较密地对计测部位进行测量，但如果是通过积累截面来制作人台的话，通常间隔1～2cm截取截面形态。图2-2-10所示为人体各突出部位及腰围等服装支撑部位的截面截取结果。

3. 石膏覆模法

石膏覆膜法是在人体表面轻涂油性护肤膏或放置薄纸、薄布、薄膜后，用树脂或石膏轻轻涂覆在人体上，可剥离得到人体体表形状的硬质复制品。这种方法有助于总体把握人体形态、测量人体表面形状和尺寸变化，特别是由立体向平面展开时的对应关系分析。

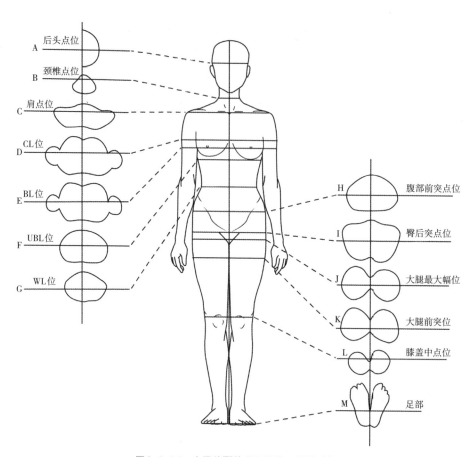

图2-2-10　水平截面的截取部位及截面形状

石膏包带工具包括石膏包带、剪刀、保鲜膜、油质面霜、水溶性记号笔、米尺、水盆、热水、吹风机等。

具体操作顺序如下：

第一步：用水溶性记号笔在人体上标记计测点和测量需要的基准线。

第二步：在体表涂抹油（凡士林或油质面霜），以防止肌肤疼痛，同时便于石膏型从人体上取下（尤其在体毛浓重的部位要多抹油）。但要注意，记号笔标记过的地方不要涂抹。

第三步：为了配合被获取部位的形态，将10cm宽的石膏包带裁成两种或三种不同长度的短带数枚。

第四步：将石膏包带浸入热水中（约38℃）。

第五步：将石膏包带贴于体表，贴的过程中让两片之间稍微错开一些，同时又有部分重叠，通常一个体表部位贴3片或4片。直接用于展开的石膏型通常整体贴3片，在石膏型需要长期保存或利用石膏型来制作模型的情况下，一般贴4片或5片。包带在贴的过程中并非同一方向，通常是垂直、水平和斜向交叉叠合。

第六步：石膏本身会一边发出微热一边固化，可以借助吹风机来加速水分的蒸发，使石膏型变干变硬化。

第七步：石膏型硬化后，将其从人体上取下来。石膏模型取下时应在两曲面的交接线处剪切、分解，如近似为柱体的石膏模型应该在柱体的法线处剪切、分解。

石膏包带法不仅可以用于获取静立状态的人体，对于获取运动状态的人体形态也是有效的。

（三）非接触式测量法

1. 摄影照相法

摄影照相法是将人体运动时的瞬间姿态与动作拍摄成照片，然后在照片上进行测量和分析，虽然不会给被测者增加负担，但这种方法会受到摄影长度和像差的影响，所以拍摄时需要10m以上的距离。当采用轮廓摄影时可以从人体正面、侧面、背面按1/10缩尺拍摄。

2. 莫尔干扰条纹计测法

在拍摄照片过程中，在相机和发光体的前方放置细的帘状遮光线（格子）后再进行拍摄，两个方位的条纹互相干扰，就形成了身体表面的莫尔状等高条纹。另一种方法是将与身体等大的格子放于人体的前方，利用照相机一侧的光源照向格子后成像。

3. 三维红外线扫描计测方法

三维红外线扫描仪是运用红外线光学三角测量技术，对人体前后左右各个方向同时扫描，保证了360°三维人体数据的获取，如图2-2-11所示。

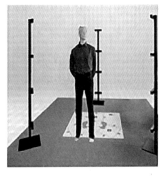

图2-2-11　Ditus三维人体扫描仪

在测量过程中，由于采用的是红外深度传感器技术，自然光线对测量精度没有太多影响。测量室内不需要完全黑暗的环境，有利于减少被测者在黑暗环境中的紧张情绪，保证正常的测量姿势。

4. 三维激光扫描计测方法

非接触式三维激光扫描仪能够快速精确地捕捉人体的三维点云模型，并快速计算出人体尺寸，是目前最精确的三维人体扫描设备之一，如图2-2-12所示。其原理是基于激光光学三角测量的原理，是精确的不需要接触人体的测量方式。测量设备由4根测量立柱组成，每个立柱的导轨上，安装有一个激光投射器和2台CCD摄像头组成的测量感应系统。十多秒的扫描完成后，系统软件会全自动地进行3D模型的重建，时间只需要几十秒，完整的3D模型可以应用到后续的应用，如尺寸计算、3D打印、3D动画、3D试衣等各个方面。

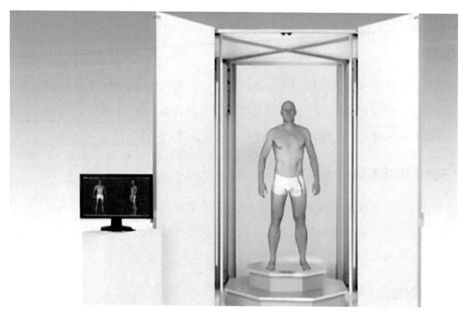

图2-2-12　三维激光扫描仪

5. 手持式三维人体扫描计测方法

手持式三维人体扫描仪是一款小巧便携的人体三维扫描仪，采用红外和散斑成像技术，无接触地快速捕捉人体三维体型和尺寸，既能够快速地人体三维成像，又能采集头发等细节，最高能够达到0.05mm的扫描精度。此外，系统采用了具有独特算法的建模方法，能够轻松应对扫描过程的身体晃动，实时高速精确拼接。

手持式三维人体扫描仪重量只有700多克，高约20cm，可以轻松地拿在手里进行扫描操作。配上笔记本电脑，方便随身携带。这是目前最小的三维人体扫描仪之一，如图2-2-13所示。

该扫描仪适用于移动性和便携性要求高的用户，如服装门店和上门量体、运动员的现场体型测量等。配合数据分析软件，可应用于人体工学、运动生物力学、医疗健身以及服装设计定制等领域。

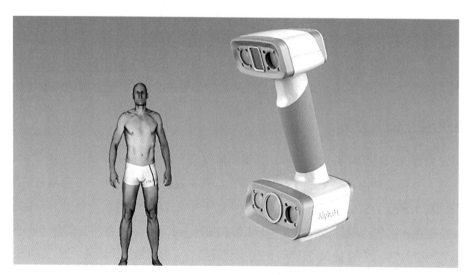

图2-2-13　手持式三维人体扫描仪

二、人体动态形变与服装形变

（一）人体动作的原形、前屈和后伸形态

图2-2-14、图2-2-15所示为人体前屈、后伸的形态，脊柱在前后弯曲的同时，还伴随有膝关节、肩关节、肘关节的弯曲伸展。由于体干的腹侧与背侧在构造上有很大差异，只能前屈不能后屈的特性被叫作后伸。

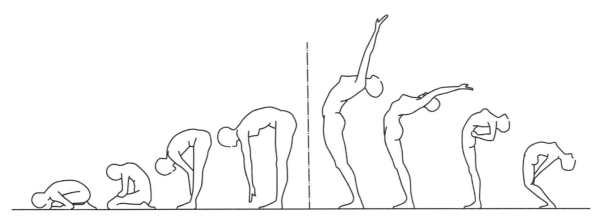

图2-2-14　人体前屈、后伸形态1

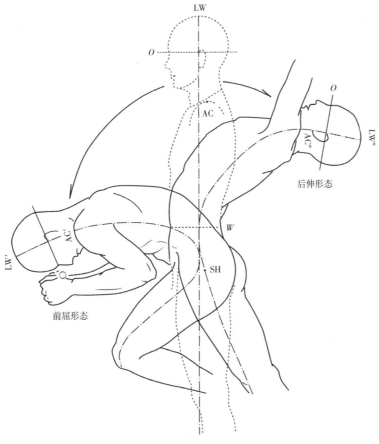

图2-2-15　人体前屈、后伸形态2

腹侧（前面）的前颈部和腹部，因为没有胸廓那样的骨骼防卫，所以容易前屈。在背侧（后面），背脊柱纵向走势形成后伸的轴心，所以除了背部肌肉外，大部分肌肉都伸展，都形成后仰后伸的状态（图2-2-15后伸形态）。在脊柱中，颈椎部分和腰椎部分容易弯曲。

前屈形态（图2-2-15前屈形态），因为在腹部含有和生命攸关的内脏，所以出于保护内脏的本能更易做出前屈的形态。还有腹痛时的下蹲、面临危险时的防御姿势、精神消极时的姿势、跳跃时身体弯曲的姿势等都是类似的动作。

前屈和后伸是相对关系，都表示了动作的原型。

（二）人体运动中间姿势和关节

人体的动作基本上是由关节运动产生的，同时也产生了人体形态的变化。因此需要深入研究什么样的变化会引起服装的牵引和压迫，了解关节结构可以推进服装运动功能的研究。

服装的运动功能性并不是仅以静体位为标准，而是以某个一定的动体位为基准来进行的，是以一般的静体位为基础，加上适当的放松量形成的。为了得到恰当的运动功能量，需要弄清楚服装牵引、压迫的发生原因和发生部位。

首先，将人体所有关节处于自然状态，一点点向前屈方向移动，直到对服装有影响的状态为止，通过这样的方式把握动体与服装的关系。再由这时的状态，向前和向后，确认一下中间体和中间姿势。然后，在此基础上对日常生活、工作、运动等的关系和作用进行研究。图2-2-16所示为服装中间姿势的设想图。中间姿势的（1）~（6）部位是各关节部位。然而在背侧和腹侧等相对的部位之间，呈对抗性关系，它们直接或间接地与服装发生关系，如表2-2-1所示。

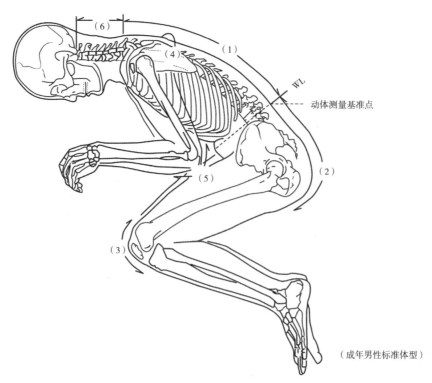

（成年男性标准体型）

图2-2-16　服装运动功能中关节机构体的中间姿势

表2-2-1　人体关节和服装的关系

图2-2-16中的部位	关节的运动	对抗部位	与服装的关系
（1）	胸腰部脊柱的弯曲	背部：胸腹部	后面压迫和前面腋部、臀底部的牵力
（2）	股关节的屈曲	臀部：下膝部	大腿内侧到腰部之间的牵引和压迫
（3）	膝关节的屈曲	膝盖部：腘窝部（后）	裤子膝部的牵引和压迫
（4）	肩关节的屈曲	背部：胸部	袖隆后腋部的压迫和前腋部的牵引
（5）	肘关节的屈曲	肘头部：肘窝部	袖肘部的压迫
（6）	颈椎的前屈	后颈部：前颈部	领的有无、领的高低、领的松紧程度

（三）运动功能引起的皮肤褶皱

前屈、后伸的褶皱原理：

图2-2-17（a）所示为前屈形态动作的原形，可以预测在体表上从SH至AC′的褶皱产生线（弧状粗虚线）。在此产生线上及其周围会产生表示动势的褶皱和AC₁′方向动势辅助的小褶皱。后伸时，产生与前屈形态相反的褶皱现象。

图2-2-17（b）中，将人体上的褶皱原型移到衣身结构上，AC与SH之间形成了牵引关系，在结构设计时，必须在它的周围设置放松量以满足牵引所需要的量。

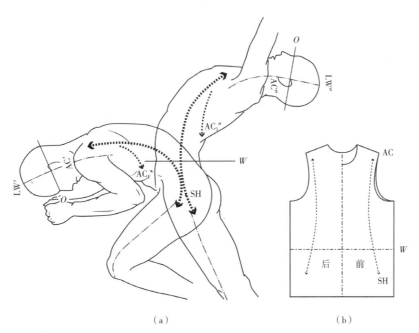

图2-2-17　人体前屈、后伸形态和服装的褶皱原型

（四）人体各部位的运动

由于人体的结构较为复杂，根据人体各部位的运动范围、运动方向以及运动强度等因素，对人体各部位的运动形态进行分析。

1. 颈部

由于颈椎的关节面接近水平，颈部可以多角度、多方向地运动旋转。如图2-2-18所示，颈部的运动主要有前屈、后伸、上前屈、上后引、外旋旋回以及侧屈，这些运动与日常生活密切相关，直接影响着衣领的造型及其运动功能。

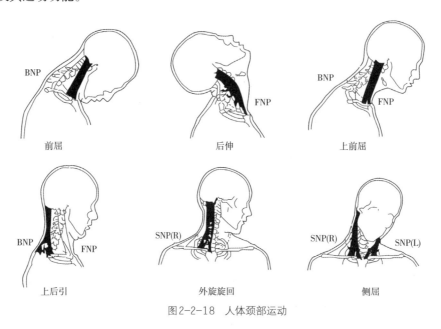

图2-2-18　人体颈部运动

领子的功能有保暖、防寒、防风、防水、防油、防尘等。在设计领子时，需要将对人体形态的合体性和对运动的适应性作为基础；再从生理上考虑，选择合适的材料和加上适当的结构松量；最后再考虑领子设计的装饰性。

2. 肩部

肩部可以起到支撑服装、增加人体和服装美的效果。肩部活动频繁，既要满足静态，又要适应动态的活动，如何合理地处理静态与动态两个方面，是进行服装肩部设计时应关注的重点。图2-2-19中的阴影线部分是支撑服装肩部的支持区范围。

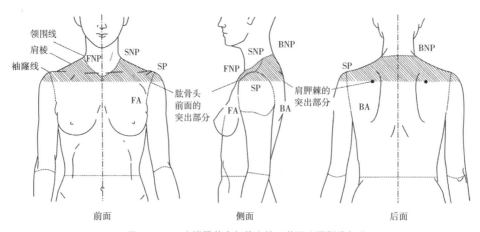

图2-2-19　支撑服装肩部的支持区范围（阴影线部分）

　　肩部周围的皮肤，从整体来讲是属于容易滑动的，但站姿时重力方向的滑动是极少的。图2-2-20所示为与服装有关的皮肤滑移，数值大表示皮肤滑动大，0表示没有滑动。

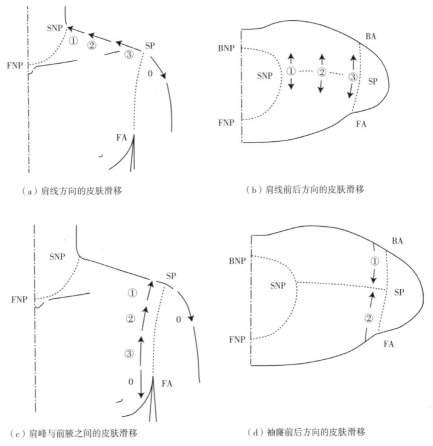

（a）肩线方向的皮肤滑移　　　　　　　　　　（b）肩线前后方向的皮肤滑移

（c）肩峰与前腋之间的皮肤滑移　　　　　　　（d）袖窿前后方向的皮肤滑移

图2-2-20　与服装有关的皮肤滑移

　　（1）肩线方向的皮肤滑动：从肩端点（SP）到侧颈点（SNP），随着越靠近SNP，滑动逐渐减少。肩端上肢下垂方向没有滑动。

　　（2）肩线前后方向的皮肤滑动：朝肩端处的前后方向滑动较多，靠近SNP时明显减少。

　　（3）肩峰与前腋之间的皮肤滑动：前腋部FA向上方滑动最多，向下时几乎没有。越接近肩峰，滑动越少。

　　（4）袖窿前后方向的皮肤滑动：袖窿前面的滑动比后面稍大。

　　肩线或者上肢运动时服装在肩端处吊起，集中了服装的压力。服装肩部运动功能的目标之一就是分散服装的压力。皮肤滑动的功能可以成为解决服装压力的一种方式。

　　肩部运动时，有两个运动方向与服装的肩部有关：一个是肩峰处前后方向的运动，如图2-2-21所示，特别是肩峰（AC），以胸锁关节为支点，向前到AC_1以及向后到AC_2，都会牵扯服装肩部的形变。另一个是肩峰处上下方向的运动，如图2-2-22所示，向下到AC_2位置以及向上到与口角平齐的AC_1位置，都会使肩部服装发生牵扯。

　　在肩部的运动移动过程中，必然会引起服装的压迫和牵引。通常服装是在人体静态时来设计纸样的，所以当肩部发生运动时，特别是对上下方向的肩端运动不能完全跟从，从而导致服装大幅度地吊上去。

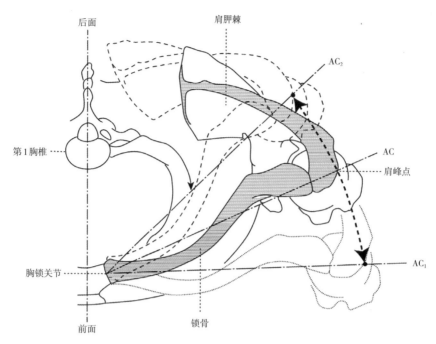

图2-2-21 肩峰部前后方向的运动范围

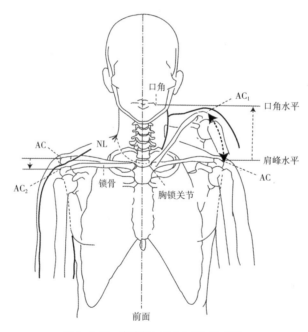

图2-2-22 肩峰部上下方向的运动范围

3. 胸背部

图2-2-23所示为人体胸宽和背宽的范围，它的上限是前衣片的肩部范围，下限为前腋底和后腋底的水平线。这是因为两腋底与上肢运动，即与袖窿有着密切的关系。图中表示胸宽、背宽的箭头，在胸侧是前腋底与肩峰间的中点，在背侧是后腋底与肩峰间的中点。两侧箭头之间为胸宽线和背宽线。胸宽线的位置大致为第3肋骨与胸骨连接的部位，背宽线大致为第5胸椎的部位。

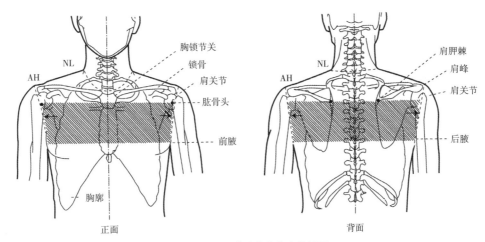

图 2-2-23 人体胸宽和背宽的范围

背宽的扩张由胸锁关节及肩关节运动引起。在实际的运动中会发生以下三种情况：

① 以胸锁关节为支点运动而不伴有肩关节运动：上肢下垂，肩位置向前移动，产生背部扩张；

② 肩关节运动：下垂的上肢向前水平方向上提，产生以后腋部为中心的背部扩张；

③ 胸锁关节、肩关节都运动：上肢合拢，向前上方上举，这时产生最大的背部扩张。

图 2-2-24 所示为由胸锁关节、肩关节的运动产生偏移的后视图和俯视图。以图正中的人体为中心，左侧人体相当于由两关节运动产生的背部扩张。将其与正中的人体肩峰位置做对比，可以看出扩张的程度。

与背部相比，前面的胸宽部分，在构造上并不复杂，运动时的变化，也仅仅是肩关节，特别是肱骨头的前突，而胸的扩张在日常活动中并不多见，在图 2-2-24 中的右侧人体是胸部扩张示意图。

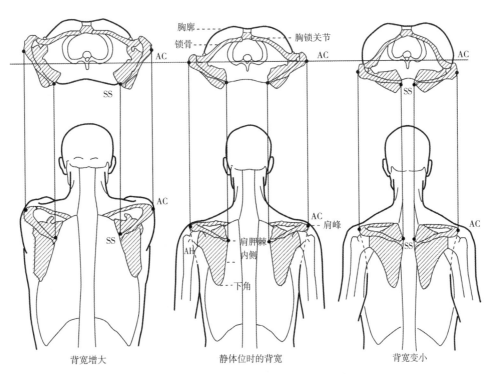

图 2-2-24 人体胸背部运动产生的偏移后视图与俯视图

4. 脊柱

脊柱是由颈椎、胸椎和腰椎所组成的，如图2-2-25所示。其中胸腰部脊柱的弯曲直接影响着人体背部、胸腹部体表皮肤的形变，导致服装对人体背部的压迫及对腋部的牵引，如图2-2-26所示。

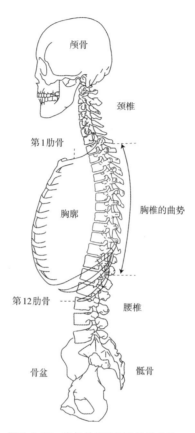

图2-2-25　脊柱的构造和胸椎的曲势

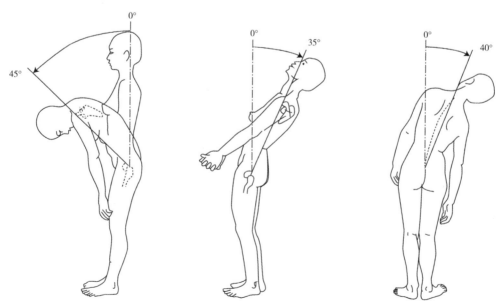

图2-2-26　脊柱运动引起的胸背腹部体表的形变

5. 上肢

　　上肢分为上肢带骨和自由上肢骨。上肢带骨由锁骨和肩胛骨组成，自由上肢骨由肱骨和前臂的尺骨、桡骨、腕骨、掌骨、指骨组成。

　　上肢的运动十分复杂，而且范围很广。但按照运动范围的大小，上肢运动主要分为肩关节、肘关节、腕关节三大支点的运动，每个支点都具有一定的活动范围。图2-2-27所示为肩关节的运动范围，肩关节可以多方向自由运动，其中肩峰处前后方向的运动、肩峰处上下方向的运动直接影响肩部的造型；图2-2-28所示为肘关节的运动范围，肘关节是单肘关节，因而肘关节只能向前屈曲，而不能向后伸展，并且屈曲的角度范围是0°～145°，尺骨上端和桡骨上端关节的运动，可以形成前臂旋内、旋外的扭转运动，直接影响袖子的松紧度；图2-2-29所示为腕关节的运动范围，腕关节由近侧列腕骨的远侧面与远侧列腕骨的近侧面构成，关节活动范围相对而言比较小。

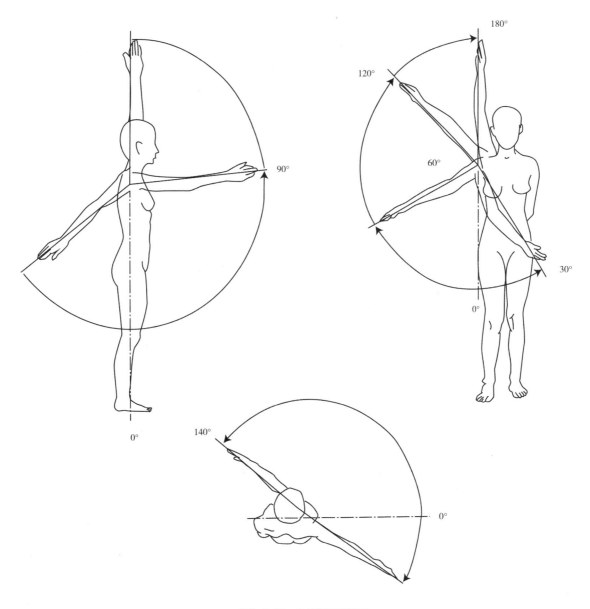

图2-2-27　肩关节运动范围

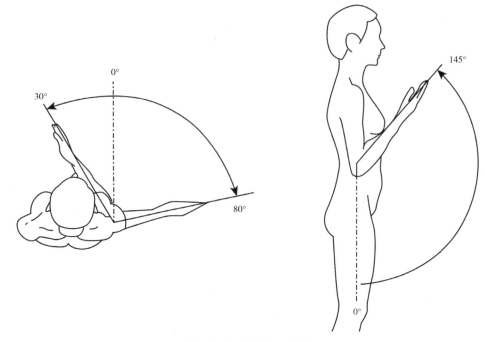

图2-2-28　肘关节运动范围

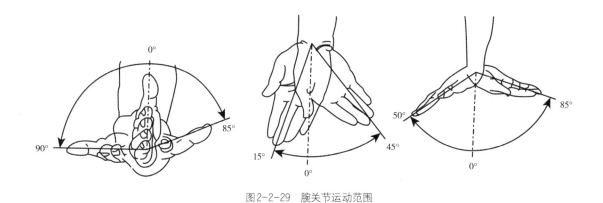

图2-2-29　腕关节运动范围

在制作袖子时，不仅需要考虑上肢的动作，还必须考虑肩部的运动以及肘关节的运动。

6. 下肢

下肢骨由下肢带骨和游离下肢骨组成，其中下肢带骨主要由髋骨组成，而游离下肢骨由股骨、髌骨、胫骨、腓骨和足骨构成。总的来说，是由骨盆（骶骨、髋骨）、股骨、小腿骨、足骨所组成的。

按照动作范围的大小，在下肢运动时，与裤装有着密切联系的主要是股关节、膝关节两大支点的运动，每个支点都具有一定的活动范围。

图2-2-30所示为股关节的运动范围，股关节是多轴性关节，股骨头是3/4程度的球体。以股骨头为中心，腿部可以形成多轴方向运动，如表2-2-2所示。股关节的各轴可以各自进行运动，同时也可以做多轴化的运动，从而形成下肢的立体运动范围。股关节的屈伸直接影响裤装对大腿内侧到腰部之间的牵引和压迫。

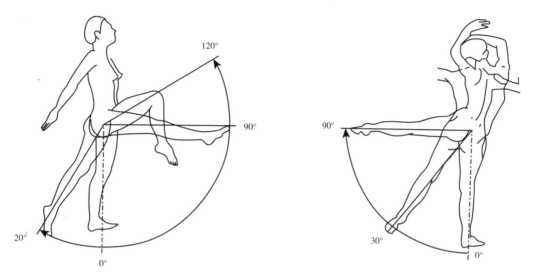

图2-2-30　股关节运动范围

表2-2-2　股关节的三根轴运动列表

项目	运动形式	运动范围
左右轴	脚的前后运动	160°左右
前后轴	腿部的内敛、外展运动	外展为45°，内敛为30°
上下轴	腿部做内外转运动	前后回转角度217°左右

图2-2-31所示为膝关节的运动范围。膝关节为单轴性关节，因此只能做前后方向的弯曲运动，膝关节由伸至屈的活动范围是140°，直接影响着裤子膝部的牵引和压迫。股关节运动时，常常同时伴有膝关节的运动，从而使下肢的运动范围更加广阔。

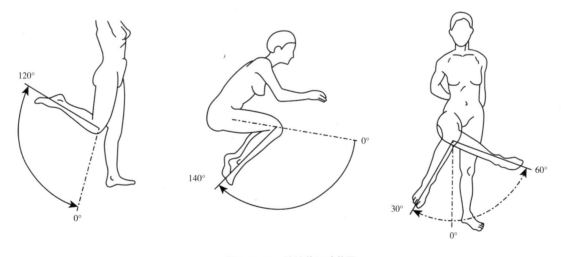

图2-2-31　膝关节运动范围

人体在正常行走时，动作的跨度将影响两足之间的距离及围绕两膝的围长，同时这种影响将关系到穿着裙装时裙摆应具有的最少裙摆量，这种影响和关系如表2-2-3所示。

表2-2-3　女性正常行走时的行走尺寸和日常生活中迈步的尺寸　　　　　　单位：cm

动作	距离	两膝围长	影响裙装部位
一般步行	65（足距）	80～109	裙摆量
大步行进	73（足距）	90～112	裙摆量
一般登高	20（足至地面）	98～114	裙摆量
二台阶登高	40（足至地面）	126～128	裙摆量

综上所述，人体各个部位的关节活动，由于各关节的关节面形状不同，不同关节运动的范围和方向也不同，表2-2-4所示为关节的运动范围。

表2-2-4　成年人关节的主要运动范围和舒适姿势的调节范围

身体部位	关节	活动状况	最大角度（°）	最大范围（°）	舒适调节范围（°）
头对躯干	颈关节	低头、仰头 左歪、右歪 左转、右转	+40～-35 +55～-55 +55～-55	75 110 110	+12～+26 0 0
躯干	胸关节 腰关节	前弯、后弯 左弯、右弯 左转、右转	+100～-50 +50～-50 +50～-50	150 100 100	0 0 0
大腿对髋关节	髋关节	前弯、后摆 外拐、内拐	+120～-50 +30～-15	170 45	0（+85～+100） 0
小腿对大腿	膝关节	前摆、后摆	0～-135	135	0（-95～+120）
脚对小腿	踝关节	上摆、下摆	+110～+55	55	+85～+95
前臂对上臂	肘关节	弯曲、伸展	+145～0	145	+85～+10
上臂对躯干	肩关节 （锁骨）	外摆、内摆 上摆、下摆 前摆、后摆	+180～-30 +180～-45 +140～-40	210 225 180	0 （+15～+35） +40～+90
手对前臂	腕关节	外摆、内摆 弯曲、伸展	+30～-20 +75～-60	50 135	0 0
手对躯干	肩关节	左转、右转	+130～-120	250	-30～-60

✎　思考题

1. 简述分体关节的组成与分类。

2. 分析人体静态非接触测量与接触式测量的方法及优缺点。

3. 分析人体躯干部运动变形的主要部位与变化幅度。

4. 分析人体下肢运动变形的主要部位与变化幅度。

5. 分析人体运动变形对不同服装的影响。

第三章

服装艺术设计的人因工程

课题名称： 服装艺术设计的人因工程

课题内容： 1. 服装外观设计人因分析

2. 特殊人群适穿的服装设计人因分析

课题时间： 18 课时

教学目标： 1. 掌握服装外观设计对人的影响。

2. 掌握特殊人群的服装设计方法。

3. 树立以人为本的设计理念。

教学重点： 服装外观设计的视知觉原理

特殊人体对服装设计的要求

教学难点： 工效性服装的设计思维

教学方法： 线上线下混合教学

第一节　服装外观设计人因分析

服装不是童话中的"皇帝的新衣"，而是由款式、色彩、图案和面料等因素所构成的实实在在的物体。构成服装的各因素所具有的不同特性会给人的视觉器官以不同的视觉刺激，从而产生不同的心理反应，基于人的生理特征和认知经验，不同的服装款式、色彩、图案和材料，形成了不同的服装心理暗示。

一、服装款式设计人因分析

服装款式设计既是构成服装设计的三大要素之一，也是服装设计的开始，它以消费者的需要为中心，以满足消费者的生理需求和心理需求为最终目的。本章所提及的服装款式，是指服装设计过程中的外观结构造型，不涉及其他方面。人们穿着服装的同时，会受到服装的影响，在当今社会，人们对于穿着个性化的要求或者说心理需求越来越强烈。追求个人品位和展现自我风采已成为一种社会时尚，而这种时尚的流行所带来的结果，也是人们对服装款式多样化的迫切要求。

（一）服装款式设计的美学原理

1. 服装形式美要素

点、线、面、体是服装设计形式美的基础要素。它们与几何概念不完全等同，从造型设计意义上讲，是一种直观的艺术形象。因此，服装设计中的点、线、面、体没有绝对的界限，而要视其形体的相对大小而论。例如，一粒圆形的纽扣在服装上并不视为一个面，而是看作一个点；一条条矩形饰带并不看作一个面，却被认为是一条线。点给人以醒目的感觉，线呈现出轻柔和流畅的魅力，而面给人一种饱满、均匀的美感，由面构成的体则给人以空间的深度感。在艺术设计中，抽象的形态在创造中变成了具有生命力的形态。

（1）点：是造型设计中最小的元素，是一切形态的基础。点具有标明位置、引人注目、诱导视线的作用。同样的一个点，由于其位置、形状、排列方向、大小对比程度及聚散变化的不同，会产生不同的视觉效果，点的大小是相对的，没有统一的规则，完全视其所处的环境。例如，一个点可以集中人的视线，两个点可以表示距离和方向，三个点则可以引导人的视线产生游动。当点等距离排列时会给人一种秩序感、系列感，而如果把点一个比一个大或者一个比一个远地进行排列，又会使人产生一种节奏感和律动感。因此，不同的点、不同的形式、不同的组合排列，都会给人以不同的视觉感受。

在服装设计中应充分运用点的大小、位置、动向变化及连续、重叠和透叠、散点的组合变化进行排列，真正使点在服装设计中起到画龙点睛的装饰效果。如图3-1-1所示，点元素在服装款式上不能单独运用，它必须结合线和面综合运用，必须在线、面的基础上突出重点，所谓点，不仅仅指一个点形，一粒扣子，它还包括一组花饰、一个团花，或者是领子、袖子、口袋上的图案，这些都可以被认为是点的运用，而这些点是由面和线衬托出来的。因此点的运用不能太多，一套服装中不能到处都是点，要有规律地运用，如一排等距离的扣子不仅仅表示几个点，还暗藏了一条线，所以在设计中一定要注意点的规律和节奏，使点起到装饰和突出款式的作用。

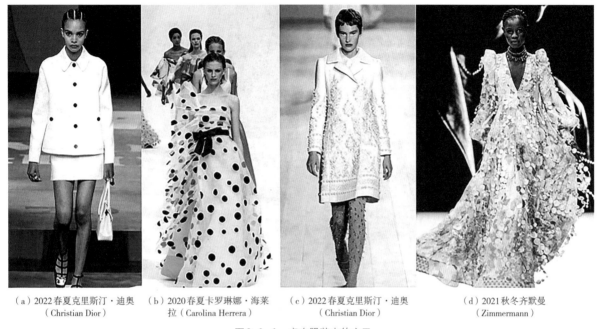

（a）2022春夏克里斯汀·迪奥　（b）2020春夏卡罗琳娜·海莱　（c）2022春夏克里斯汀·迪奥　（d）2021秋冬齐默曼
（Christian Dior）　　　　　拉（Carolina Herrera）　　（Christian Dior）　　　　（Zimmermann）

图3-1-1　点在服装中的应用

（2）线：是点的运动轨迹，线有不同的长度和形态，线的方向性、运动性及其特有的变化性，使线条具有丰富的表现力，线既能表现静感，又能表现动感。线在时装造型设计中担任着重要角色，服装设计的造型和结构都是由不同性质的线条组合而成的，有具体的线，如结构线、分割线、装饰线；有抽象的线，如褶饰线、褶皱线、密集的点形成的线。

线的不同变化造成了服装款式的千变万化。

① 垂直线：能够诱导人的视线沿其所指的方向上下游动，体现服装造型的修长感，表现出细长、冷、硬、清晰、单纯、轻快、强劲、理性等不同的感觉。在服装造型上，常表现为开口线、搭门线、剪接成垂直状的裙子接片、口袋线、垂直的裙褶线等。

② 水平线：是一种呈横向运动的线型，给人以舒展、沉稳、庄重、安静、理性的感觉。在男装的造型中，常常在肩部、背部使用水平的横线分割，以强调男性的阳刚之美，在较瘦人的服装中，多使用水平的分割横线或横向条格图案，用于弥补其单薄、瘦弱的感觉。

③ 斜线：有不稳定、倾倒、分离的特性，较水平线和垂直线而言，显得更具动感和轻快感。在服装造型中，一般表现为勒佩尔线、V字形颈围线、倾斜的开口线、倾斜的剪接线、倾斜的普利兹褶、裙摆展开的肋线以及波褶线等。

④ 曲线：与直线相比，其特征表现为流动、飘逸、柔顺、优雅等，具有极强的起伏感和律动感，能使人产生温和、女性化、优美、温暖、柔弱、苗条、立体的感受。在服装设计中，多用于女装的造型上，常以颈围线、袖窿线、剪接线、开口线下摆的扇形、瑞卜褶（Ripple fold）的曲线、圆帽线、曲线状口袋等方式出现。

单纯的一条线就能引起人们的心理变化。如图3-1-2所示，款式设计是凭借不同线型的交叉组合来完成的。线的粗细、长短也是相对的，完全依其所处的环境而定。服装设计就是通过线条的组合来完成的，线条应用得是否恰当、合理决定了设计的成败。

（a）2021春夏宝姿　　　　（b）2022春夏芬迪（Fendi）　　　（c）2020春夏茉思奇诺　　　（d）2022春夏 Piazza Sempione
（Ports 1961）　　　　　　　　　　　　　　　　　　　　（Moschino）

图3-1-2　线在服装中的应用

（3）面：是线的移动轨迹，是有边界的、上下左右有一定广度的二次元空间。面在视觉上要通过线围起来，被围的部分叫作领域，其边界就是轮廓线，在服装中，面总是围绕体来造型的。面可分为平面和曲面，从设计技巧上，可以把服装的各个侧面看作是平面和几何曲面的结合。

如图3-1-3所示，平面在服装造型中，有以直线构成的活泼、明快、丰富而外露的直线形平面，也有以曲线构成的多变、随意而洒脱的曲线形平面。平面在服装造型中一般是以图案或装饰手段来表现的，在整体服装效果中起着活跃气氛、强化造型的作用。

（a）2020春夏路易·威登　　（b）2021春夏迈克高仕　　　（c）2022春夏汤丽柏琦　　　（d）2022春夏亚历山大·麦昆
（Louis Vuitton）　　　　　（Michael Kors）　　　　　（Tory Burch）　　　　　（Alexander McQueen）

图3-1-3　面在服装中的应用

曲面是通过曲线的运动构成的面。人体的外部形态就是由各种不同的曲面所组成的，衣服是穿在人体外部的，因此服装的造型也是由多种不同的曲面构成的，进一步讲，服装是由各种不同的平面材料，通过工艺的处理，使之曲面化，而穿着在人体上形成立体造型。在服装款式设计中，点、线、面有着密切的联系。点连接成线，线分割形成面，面组合形成体，通过这种形式变化，形成了多种多样的服装款式。

2. 服装形式美法则

形式美是从美的事物中剥离和提取出来的抽象的美。服装形式美是按照艺术和科学的规律，运用形式美法则，采用纺织材料等在人体上进行空间组合，创造出立体的、生动的艺术形象的过程。

（1）比例：比例是构成任何艺术品的尺度，在服装设计中它是决定服装款式各部分相互关系的重要因素。服装款式造型的变化，最明显地反映着服装与人体之间比例关系的改变。例如，在一件时装上，比例变化既可以腰线为中心进行合理分配，也可以是服装外形的长宽与领、袋、袖等部件组成的一种比值关系。服装款式的变化还在于合理地安排各部分尺寸与大小面积的相互关系，肩、胸围、腰围、臀围和裙摆与人体的紧贴线的状况直接影响到时装外形的比例变化。衣长与裙长、袖长与衣长、衣袋与领型在长度、宽度、大小面积、色彩、面料图案上的比例都可组成变幻多姿的服装造型。在服装设计时，考虑服装比例的同时还要补偿人体的生理欠缺，根据人体结构来确定。

美的造型，必须有准确的比例，失去这种比例，就失去了协调性，在比例中经常会用到"黄金律"，也称黄金比、黄金分割。"黄金律"是将一条线段分成两个部分，使其中较长的一部分相对于全部的比等于较短部分与较长部分之比（1∶1.618或0.618∶1）。这样的比例分配，称为"黄金分割"如图3-1-4所示。当然，相对于整个服装设计而言，衣服的比例是由人体、衣服、饰品等多方面因素构成的。所以对于服装设计来讲，其比例关系还表现为服装各局部造型与整体造型的比例关系、服装造型与人体的比例关系、服饰配件与人体的比例关系等，如图3-1-5所示。

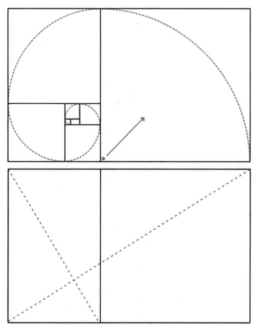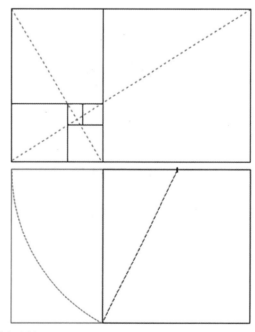

图3-1-4　黄金分割

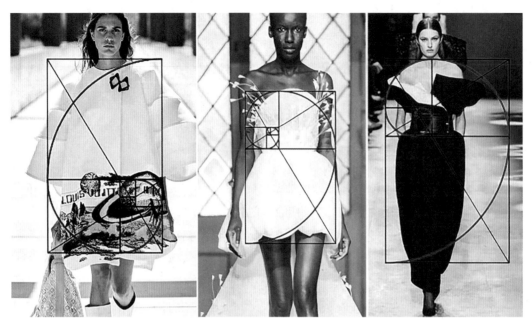

图3-1-5　比例在服装中的应用

（2）平衡：平衡给人以沉着、安定、平稳的感觉。在服装造型的构成中，平衡分为对称和均衡两种形式。如图3-1-6所示，对称的服装显得端庄、爽直，最适合应用于正式的礼仪性活动或工作时穿着，如晚礼服、婚纱礼服、中山装等。但设计时如果处理不好，容易给人一种单调、平凡、缺少变化的感觉。均衡是指左右不对称、但通过调整力与轴的距离，而使人感觉到有一种平衡感，是现代造型艺术中常用的一种形式手法。在服装款式上，常被用于一些时尚的设计中，如前开口交叉的颈围线，衣侧的瑞卜褶、侧分割的结构线，以及烘托容貌的侧面帽等。这种方法，虽然在具体的设计中不易掌握，但如果处理得当，线型会更加富于变化，显得柔和优雅。

图3-1-6　平衡在服装中的应用［2020春夏路易·威登（Louis Vuitton）］

（3）节奏与韵律：如图3-1-7所示，节奏与韵律的特点就是让一个视觉单位有规则地反复出现，使之产生出一种视觉上的连续感，这种连续感所形成的律动，就被称为韵律。在服装设计中，韵律的表现形式共有四种，包括反复韵律、阶层韵律、流线韵律和放射韵律。

图3-1-7 节奏与韵律在服装中的应用
[2020春夏路易·威登（Louis Vuitton）]

（4）对比与统一：对比与统一是一对相辅相成的形式美法则。对比是在差异中趋向于"异"，统一是在差异中趋向于"同"。服装设计中的对比主要是通过点、线、面、形态、肌理、色彩、明暗等视觉要素来表现，常常运用色彩的浓淡与冷暖、线条的曲与直、面料的粗糙与细腻、质量的轻薄与厚重、形态的静止与流动等对比的表现手法来体现服装的艺术美。如图3-1-8所示，服装设计中的统一主要表现在色彩、面料、造型要素、风格的相近或相似等方面。强调设计形象的统一性与整体性，并非完全侵吞局部的多样性和对比性。在设计中要善于把握好多样统一的原则，在统一中求对立，在对立中求统一。无论是对比变化表现的动态美，还是和谐统一表现的静态美，都应完整地体现设计形象，把服装的各个部分孤立、零碎的构成元素统一在和谐悦目的整体当中，使其相互关联、相互依存、相互呼应。

（5）强调与视错觉：强调是以相对集中地突出主题为主要目的，能够打破平静、沉闷、空旷的气氛，即着重于服装的某一部分，使其特别突出醒目。强调优点并隐藏缺点是人们穿衣的目的之一。缺乏强调的服装会使人感到平淡无味，但强调过度则易使服装流于庸俗。一般来讲，在一件衣服上强调的点不宜过多，1处或2处为宜。

如图3-1-9所示，视错觉是指图形在客观因素干扰或者人的心理因素支配下使观察者产生与客观事实不相符的错误的感觉。视错觉作为一种普遍的视觉现象，对造型设计有着极大的影响。在服装设计中经常利用视错规律来调整服装造型、弥补体形的缺陷。常见的视错觉现象有几何错觉、分割错觉、对比错觉、光渗错觉等。将对视错规律的认识运用于服装设计中，可以弥补或修补整体缺陷。例如，利用增加服装中的竖条结构线或图案来掩饰较胖的体型。

（a）2021秋冬路易·威登（Louis Vuitton）　　　　　　　（b）2022克里斯汀·迪奥（Christian Dior）

图3-1-8　对比与统一在服装中的应用

（a）2021春夏宝姿（Ports1961）　　　　　　　（b）2019春夏让·保罗·戈尔蒂埃（Jean Paul Gaultier）

图3-1-9　强调与视错觉在服装中的应用

（二）服装款式与着装心理

服装款式对人的心理有明显的作用，不同的款式在人的心理上会产生不同的反应。如西装的庄重、中山装的肃正、夹克的潇洒、猎装的英武、牛仔装的强悍、蝙蝠衫的洒脱、超短裙的活泼等。其实，服装款式本身是无所谓什么性格的，只有当它与穿着者相联系后，才会产生种种不同的心理效应。穿着者从他人的评价中体验服装所带来的穿着心情，这种评价并不一定是语言，有时是态度、眼神或动作。如在地铁站穿着衣衫褴褛、破旧肮脏，个别看到的人或许不会说什么，但反感的眼神、鄙夷的态度和闪避的动作，就是一种无声的评价，使穿着者感到屈辱或自惭形秽。穿着者的服装会对他人产生影响，而被影响者的行为和表现又反过来影响着穿着者。

1. 着装者心理

女职员穿着西服套装，给人以简洁大方之感。反过来，因穿了职业套装，着装者会充满自信，工作态度也会积极向上。如果上班时间穿着舒适的丝绸套裙，着装者会变得慵懒、心情闲适，对紧张的工作不利。服装不仅对人有着短期的影响，长期穿着某种类型的服装，还会在一定程度上影响人的性格。有心理专家指出，青少年长期身穿印有暴力图案的衣服不利于其身心健康成长。

美国心理学家琼斯和托尼为了研究网友的心理特征，进行了一个心理学实验。他们将40位女性网友分成两组，其中一组穿上医护服，另一组穿上类似黑社会的黑色套装。然后让她们回答若干问题，回答错误时，就会有轻微的电流通过她们的肌体，表示回答错误。实验分为4组：穿上医护服，但不蒙面；穿上医护服，蒙面；穿上帮派黑色服装，蒙面；穿上帮派黑色服装，但不蒙面。实验结果表明，受到电流电击最多的是第三种情况，当参与者身着帮派黑色服装且蒙面时，最容易答错问题。琼斯和托尼发现，人们是按照所扮演的不同社会角色来采取相应行动的，例如为人父母要有父母的样子，做老板要有做老板的样子等。当人们穿上职业装后，职业意识就会增强。在这个实验中，穿上医护服装的网友的亲和力和服务意识得到了明显提高。不仅是服装影响人们的心理，而且即使身着相同的服装，人们是否蒙面对实验结果也有很大影响，把面目隐藏起来的目的就是让别人无法识别自己，因此就有可能为所欲为，攻击性也会增加。

服装的款式构造特点，决定了人方便干什么、不方便干什么，穿裙子不方便运动，穿裤装在家居环境感觉不舒适，因此，服装影响了人的行为，而行为又影响着人的个性。服装也是辨别和影响性别的因素，如希望穿得像个男人或穿得很女人味。一些家长给男孩穿女孩的服装，会导致在童年时孩子性别角色的模糊，孩子会把自己当成女生，喜欢模仿女性行为，容易造成长大以后性别心理的错位。服装性别错位会导致孩子产生性别认同混淆的问题，尤其是当孩子成长到了青春期，第二性征陆续出现时，更容易让孩子的心理产生矛盾的困扰。因此，进行童装设计时应注意性别的差异性设计。

2. 观察者心理

服装穿在身上，更多的是被他人所观察。自有服装以来，人们创造的服装款式可以说是数以万计，但以大的方面来概括，一般分为长型、短型、紧身型、宽松型、对称型、不对称型等几类。下面仅从几个大类来阐述服装款式与心理的关系。

长型款式的主要特点是衣体具有与人体相应的长度，有的甚至超过人体的长度，如曳地长裙。一般来说，长型款式能造成延长人体的感觉，同时也会给人一种拖沓的印象。此外，长型款式遮掩了人体的大部分，易使人产生严肃、恭敬、典雅或拘谨、保守、笨拙的联想。

与长型款式相反，短型款式的主要特点是衣体长度短于人体。一般来说，短型款式能造成缩短人体的感觉，同时也会给人一种精悍的印象。此外，短型款式有裸露人体的功能，易使人产生活泼、开放、洒脱或轻佻、妖冶、俗气的联想。如我国作家杨沫的小说《青春之歌》中的余永泽，原先是穿短学生服的，与他那个时候追求新文化、向往新生活的理想相适应。但之后，他抛弃了原有的追求，一头钻进了古书堆，服装趣味也改"短"为"长"：纺绸大褂、竹布大褂、绸子棉袍。这由短而长的服装款式的变化，反映了人物心理从热情、开放到冷漠、保守的转变。

宽松型、紧身型和长型、短型之间，既有联系又有区别。前者侧重于与人体的距离关系，后者则侧重于与人体的长度关系。

宽松型的主要特点是服装与人体间的空间较大，这样一方面能使人体得到放松，另一方面又有掩饰人体曲线的功能。因而它易使人产生自由、持重、宏伟、神秘或累赘、空洞、保守、隐晦的感觉。

紧身型的主要特点是服装与人体间的空间较小，有的甚至紧贴人体，这样一方面紧箍了人体，另一方面又有刻画人体曲线的功能，因而易使人产生精悍、大胆、性感、年轻或放纵、轻浮、直露的感觉。如普希金的小说《黑桃皇后》中的那位伯爵夫人在社交活动时穿的是连衣裙，基本上属于紧身型款式一类，由于它固有的特点与穿着者老迈的年龄、臃肿的躯体形成了强烈的反差，所以使人感到厌恶；而她在晚间休息时穿着的睡衣是宽松型款式，与其年龄、体态较为相称，所以使人感到适意。

3. 环境心理

服装款式除与人体相关外，还会因其产生的历史特定的着装群体和环境等因素而形成特定的心理效应。例如，旗袍原是我国民国时期的经典服装，它在造型结构上的基本特点是采用紧扣的高领，没有任何重叠的衣料和不必要的带襻与口袋等繁饰，贴身合体，线条流畅，两旁开着高高的衩口，穿着跨步十分方便。总之，旗袍款式很适合像我国女性这样的东方体型。所以自旗袍诞生以来，一直是我国和亚洲其他一些国家女性典型的着装之一。东方女性与西方女性相比较，显得更为温柔、体贴、轻盈、文雅。这一款式穿着群体的性格特征使旗袍成为东方女性的象征。

（三）影响服装款式设计的因素

在进行服装设计之前，了解和掌握设计对象所具备的各方面条件，我们才能有针对性地开展设计工作，才能合理科学地给予服装造型以准确的定位，这是满足顾客需求的基础。现代的服装设计，只有在确实合理的条件之下，才能发挥设计的最佳效果，才能创作出实用与美观兼顾的优秀服装设计作品。为达到和实现这样的目的，在进行服装设计时，应考虑以下六个方面的条件。

何时穿着：指穿衣服的季节与时间，即春、夏、秋、冬四季和白天或晚间的穿着。

何地穿着：指穿用衣服的场所和适用的环境。

何人穿着：指穿用者的年龄、性别、职业、身材、个性、肤色等方面。

为何穿着：指穿用者使用衣物的目的。

何用穿着：指穿用者的用途，即穿用者依据着装的需要而决定服装的类别。

如何穿着：指如何使穿着者穿得舒适、得体、满意。这也是服装设计的关键所在。

二、服装色彩设计人因分析

服装的外观、造型和风格以及所包含的视觉传达等功能方面的信息均离不开色彩的搭配，正所谓"远看色，近看花"，可以说任何一件产品，人们首先看到的是色彩，其次才是形态。玛利翁曾说过："声音是听得见的色彩，色彩是看得见的声音"。服装色彩有一种难以用言语形容的美感，不仅可以表达服装设计的精致和艺术，还可以透露出着装者与众不同的品位与风格。作为服装三要素之一，色彩的决定性和重要性不言而喻。一件优秀的、夺目的服装作品最关键的是色彩搭配的效果。和谐的色彩既能满足消费者的心理需求，又能满足消费者的生理需求。

（一）色彩的概念

1. 服装色彩的定义

人类借助科学仪器能辨认的颜色大约有两万种以上。在光线充足的条件下，人们能够裸视识别的颜色也有两千多种。在日常生活中，人们经常接触的颜色有四百多种，从古至今能查到名字的颜色约三百五十种。

美国光学学会（The Optical Society of America, OSA）的色度学委员会曾经把颜色定义为：颜色是除了空间的和时间的不均匀性以外的光的一种特性，即光的辐射能刺激视网膜而引起观察者通过视觉而获得的景象。在我国国家标准GB/T 5698—2001中，颜色被定义为：色是光作用于人眼引起除空间属性以外的视觉特性。根据这一定义，色是一种物理刺激作用于人眼的视觉特性，而人的视觉特性是受大脑支配的，也是一种心理反应。所以，色彩感觉不仅与物体本来的颜色特性有关，还受时间、空间、外表状态以及该物体周围环境的影响，同时还受个人的经历、记忆力、看法和视觉灵敏度等各种因素的影响。

同样，在服装设计中，服装色彩是建立在色彩理论基础之上的，是把色彩作为造型要素，以自然色彩和人文色彩现象为依据，抽象提炼出色彩的造型元素，重新构成色彩形式并应用于相应的服饰上。服装色彩设计是一个复杂的再创造过程，不仅要掌握色彩的基本原理，还须结合形式法则及设计规律，使服装色彩具有计划性和更高的精确性。

2. 色彩的属性

色彩可以被分为无彩色和有彩色两大类。无彩色指黑、白、灰，只有明度，没有色相和纯度。有彩色包括红、橙、黄、绿、青、蓝、紫等色彩，具有明确的色相和纯度。视知觉能感受到色光，光谱中所有色彩都属于有彩色类，包括它们与黑、白、灰混合调和出的色彩，如蓝灰色、红灰色。另外，色彩也有些特殊色，如金色、银色、荧光色等，这些色彩由于本身的特性，既不能被其他色混合出，也不能混合出其他色彩，但它们可以和有彩色调和出更多的微妙色彩。

所有的色彩都具有特定的明度、色相、纯度，这三者决定了色彩的面貌和性质，任何色彩都可以用色相、纯度和明度来表示。它们是色彩最基本、最重要的构成要素。

（1）明度：如图3-1-10所示，明度是指色的明暗程度，也称为亮度、深浅度。色彩的明度有两种情况，一种是同色相的明度，同色相加上不同比例的黑色或白色，明度发生变化；另一种是不同色相的明度不同，每一种纯度都有其对应的明度，在有彩色中，黄色明度最高，蓝紫色明度最低，红、绿色的明度中等。色彩的明度变化影响着纯度的高低，例如，同一色彩加白、灰提高明度，加黑降低明度，它们都影响着该色相的纯度，使纯度降低。

（2）色相：如图3-1-11所示，色相既是指色彩的相貌，也是有彩色系颜色的首要特征。从物理学角度讲，色相差异是由光波波长决定的，即红、橙、黄、绿、青、蓝、紫，每一种色彩都有着自己的波长，将这些颜色的纯色以顺时针的环状排列，并以这六种色彩为基础，进而求出它们之间的中间色，可以得到十二色色相环，再以这十二种色彩为基础，求出它们之间的中间色，可以得到二十四色色相环，这是纯度最高的色相依次渐变的组合，体现着不同色相的色彩美妙的转变关系，不同的色相，带给人们不同的感受。

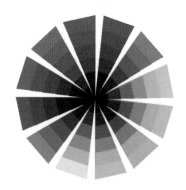

图3-1-10　色彩的明度

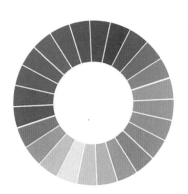

图3-1-11　二十四色色相环

（3）纯度：如图3-1-12所示，纯度指色彩的鲜艳程度，也称为彩度或饱和度。通俗地讲，纯度就是色彩的纯净程度，即色彩含有某种单色光的纯净程度。凡具有色相感的所有色彩都有一定的纯度。无彩色没有色相，也没有纯度。

图3-1-12　色彩的纯度变化

（二）服装色彩的视知觉心理

1. 色彩视觉规律

（1）膨胀与收缩：指人眼在关注面积相等的色彩时，会产生不同大小的色彩视觉错误现象。产生的原因是人眼晶体自动调节的灵敏度有限，所以不同波长的光波在视网膜上的映像就有了前后位置上的差异。如红、橙、黄等色相，在视网膜的内侧成像，看起来较近且有膨胀感，而绿、蓝、紫等色相，则在视网膜的外侧成像，看起来较远且有收缩感。一般情况下，暖色具有膨胀、扩展、前进、轻盈的感觉，而冷色则富于收缩、内敛、后退、沉重的意味。在服装色彩设计上时常运用这一原理来改变和美化着装者的形象。

（2）残像：指人眼在不同时间段内所观察与感受到的色彩对比视错现象。分为正残像和负残像两类。正残像又称"正后像"，是连续对比中的一种色觉现象，指在停止物体的视觉刺激后，视觉仍然暂时保留原有物色影像的状态，其保留时间为0.1秒左右，它是视神经兴奋有余的产物，也是影视艺术的重要原理。例如，把每秒24个静止的画面连续放映，眼睛就可以体验到与现实生活中的运动节奏相应的动感情境。负残像又称"负后像"，是连续对比中的一种色觉视错现象，指在停止物体的视觉刺激后，视觉依旧暂时保留与原物色成补色的视觉状态。

（3）对比视错：补色对比现象是由于视觉器官对色彩有协调与适用的要求，所以凡能满足这种条件的色彩或色彩关系，多能使人取得生理与心理上的平衡。例如，在医用服装色彩设计中用补色来缓解手术医生的视觉疲劳，从而提高工作效率。

同时，对比指人眼在同一空间和时间内所观察与感受到的色彩对比视错现象。眼睛同时接受到不同色彩的刺激后，使色觉遭遇到正确辨色的干扰而形成的特殊视觉状态。正如伊顿指出的："这种同时出现的色彩，绝非客观存在，而是发生于眼睛之中，它会引起一种兴奋的感情和强度不断变化的充满活力的颤动。"

2. 色彩的感觉

色彩感觉是视觉受到外界色彩刺激后将信息传递给大脑，在大脑中汇集并产生的共有感觉，是人对服装整体的视觉感受和心理感知的综合。当视觉再一次受到相同印象的刺激时便引发过往的记忆，诱发出相应的感觉反应。人的眼睛可以分辨同一颜色由深到浅的300多种变化，不同的颜色会给大脑不同的刺激，从而产生不同的心理感受。有的色彩悦目，使人愉快；有的色彩刺眼，使人烦躁；有的色彩热烈，使人兴奋；有的色彩柔和，使人安静。好的颜色搭配，使人产生愉快的情绪并充满自信。色彩对人的视神经产生刺激和冲动，这种冲动又通过神经渠道，传到大脑皮层，进而有效地控制和调整影响人的情绪与内分泌系统，这便是色彩的生理及心理效应，如表3-1-1所示。

表3-1-1　色彩对人体心理与生理的影响

色彩	影响	
	生理	心理
红色	刺激和兴奋神经系统，增加肾上腺素分泌和增强血液循环	接触红色过多时，会产生焦虑和身心受压的情绪
橙色	诱发食欲，有助于钙的吸收，利于恢复和保持健康	产生活力
黄色	刺激神经和消化系统，加强逻辑思维；金黄色易造成不稳定和任意行为	可以迅速吸引注意力，但过度使用会产生疲劳感或愤怒情绪
绿色	有益消化，促进身体平衡	起到镇静作用，对好动或身心受压抑者有益

续表

色彩	影响	
	生理	心理
蓝色	能调节体内平衡，有助于减轻头痛、发热、晕厥失眠	在寝室使用蓝色，可消除紧张情绪
紫色	对运动神经、淋巴系统和心脏系统有压抑作用，可维持体内钾的平衡	有促进安静和爱情及关心他人的感觉
靛蓝色	可调和肌肉，能影响视觉、听觉和嗅觉，可减轻身体对疼痛的敏感作用	令人放松，让人感到内心平静
灰色	黑色和白色的混合色。灰色没有自己的特点，和周围环境易融合	灰色服装对材质要求较高，质量考究时，给人以智慧、权威、沉稳感；质感不佳时，给人黯淡无光、邋遢的感觉
棕色	棕色是一种沉稳、中立的颜色，也是地球母亲的颜色，可以促进情感的稳定和平衡，去除犹豫，提高学习、直觉和感应的能力	木材和土地的本来颜色，它使人感到安全、亲切、舒适。在摆放着棕色家具的房间里更容易让人体会到家的感觉

不同波长的光作用于人眼后，大脑会对不同的色彩进行处理和分析。相应地，不同的色彩会影响人的情绪、性情和行动，这就是色彩的心理性质。色彩感觉与这些心理情感存在一定的关系，主要表现为色彩联想，即人们看到色彩之后会本能地产生具象和抽象联想，赋予色彩相对应的心理情绪，使色彩具有了自己的"性格"。色彩的性格来源于人的心理，因此这种"性格"可以折射出人的心理特征。

色彩感觉源于人的心理，它的存在提升了色彩的经济价值和社会价值，同时它还反作用于人的心理，引发人的情绪变化。加拿大艾伯顿大学生物学澳尔法特教授的实验证明，红色布景能使人心跳速度和血压升高70%，因此心脏病患者本能地讨厌红色。英国政府将伦敦的菲里埃大桥桥身由黑色改为蓝色，跳桥自杀的人数当年减少了56.4%，因为蓝色可以平缓人的情绪并使人放松。橙色让人感觉成熟和兴奋，能够加快人的血液循环，增加人的食欲；绿色使人联想生命和森林，可以放松心情，血压降低。关于色彩心理功效的研究在服装上同样适用，特别是功能性服装，如体育服装。国内专家已对女子排球、女子体操、足球等运动员的情绪与服装色彩之间的相关关系进行了研究，虽然服装无法决定比赛成绩，但研究发现色彩感觉对运动员的情绪控制确实存在一定程度的影响。

生理学研究表明，服装的反射光透过人眼水晶体刺激视网膜，视神经将这种刺激转化为神经冲动，再由神经纤维将信息冲动传递到大脑视觉中枢后产生色彩感觉。眼睛是人类接收色光的感受器，原理如同一架天然的照相机，水晶体似前部镜头，眼内腔就似暗箱，网膜则是底片。光线进入眼睛，通过角膜、水晶体、水样液和玻璃液，在网膜上成像。

色彩认知是指在受到服装色彩刺激后人脑对信息的选择、整合和表征建构的知觉过程，这是一个复杂的心理活动过程，涉及对服装颜色的感觉、联想、想象、回忆、思维等活动的加工处理。色彩认知学提出，色彩认知有两种模式：一种是从下至上加工，就是指人的认知直接依赖于服装色彩的现实刺激；另一种是从上至下加工，即人脑对色彩信息的加工处理依赖于已有的知识结构。

3. 服装的色彩情感

色彩感觉是人们长期的自然生活和社会经验积累的结果，有很高的普遍性和认知性。服装色彩本身没有特定的感情存在，它通过人的视觉感官在人脑中引起联想、对比等思维活动，最后转为心理反应，给色彩添上了情感的"外衣"。研究显示，在我国有87.4%的新娘婚纱是以中国红为主色调，用红色以表示新娘的喜悦幸福和婚礼的隆重热烈。除此之外，中国的各大节日庆典，人们也通过追求色调艳丽的服装，制造热烈、兴奋的心情和增加欢乐愉快的气氛。研究发现，以红色、橙色、黄色以及淡紫色为主的暖色系，以绿色、蓝色、深紫色为主的冷色系和以黑、白、灰为主的无彩色系，分别代表了人的不同情感与性格，暖色调温暖、热情、温馨、和谐，人们会想到太阳、火焰和光明，热烈并充满活力，但同时也会想到血液、激动和危险、焦躁。冷色调冷静、理智、平和、规则，人们会想到森林、海洋、蓝天和冰雪。在烦躁的情绪中看到冷色会感觉舒适而平缓，但冷色过多也会有寒冷、消极、阴郁等负面效果及负面情绪。合理利用服装色彩的情感作用，能有效增加服装的附加价值，利于服装从物质产品向精神产品的转变。

（三）服装色彩设计影响因素

在特定环境中，色彩起到呵护和保护的作用，如孩子的雨衣要使用醒目的鲜亮色彩，以便在灰蒙蒙的雨天避免交通事故。夜间外出活动的儿童，着装色彩应加入反光材料和荧光物质，易引起行人和车辆的重视与警觉。养路工人和环卫工人的服装，采用了鲜艳的橘色、橘黄色，并加入夜间反光的荧光条，在道路上特别醒目。恰当地使用色彩能在工作环境中减轻疲劳，提高工作效率，减少事故。机械厂操作工人的工作服一般采用蓝色，是因为机器噪声大，使人心里烦乱，蓝色可以使情绪得到缓解。

当一个团体都穿着一种配色的服装时，就形成了服装的色彩环境。如同军人统一的服装一样，企业员工在统一的服装环境中，能够振奋精神、增强信心，服装环境所营造出来的色彩氛围，能够感染每一个人，从而提高工作效率。在设计群体服装时，应根据具体情况选用适合的色彩。儿童餐厅的服务人员，色彩应活泼明快；研究单位的服装色彩应安静整洁。

在生活上，色彩能够创造舒适的环境，增加生活的乐趣，使人身心愉悦。家居服装宜选用柔和的色彩，而婚庆环境则宜选择热烈喜庆的色调。夏天服装采用冷色，冬天服装采用暖色，可以调节冷暖感觉。为了使生活环境更加丰富多彩，生机勃勃，服装色彩也应该不断变化，流行色就是一种调节生活中服装环境的色彩现象，当人们对一种色调已经习以为常，甚至开始觉得它单调乏味时，就需要用另一组色调来代替它。

三、服装图案设计人因分析

服装图案，人们通常称为服装纹样或花样，对服装艺术有极大的实用价值。好的纹样图案能为服装增光添彩，价值倍增，也能提高着装者的精神境界。

（一）服装图案的概念

图案在我国民间或传统中称为"花样""图样""模样""纹样""纹缕"等，是一种装饰性很强的艺术，也是装饰性和实用性相结合的一种美术形式。它是把生活中的形象，经过艺术加工使其造型、结构、色彩、构图等适合于实用与装饰的目的。从广义来说，图案是所有工艺美术品、日常生活用品或工业产品的造型、构成、色彩以及纹样的预先设想而绘制成图样的总称。从狭义来说，是指某种器物上的某些部位的装饰纹样。

服装图案以装饰、美化服装为主要目的。一般是指服装与服装相配套的附件、配件上的装饰。服装图案有两种表现形式，一种是染织品图案，如各种纹样的服装面料；另一种是在具体服装上，或刺绣，或绘制，或编织，或采用不同质感的面料搭配设计。

服装图案与服装穿着者相结合，表现出不同的气质风度。服装图案在一定程度上表现穿着者所追求的情趣，适应穿着者的个性化。除此之外也与人的体型有关，胖人要求花型图案宜小不宜大，大花型有增大视觉量的感觉，会显得着装者更加肥胖；体型娇小者，图案花型不宜小花素色，因为这样有收缩视觉范围的作用，也不宜使用太大的花型，否则花型与体型之间会失去协调，应在设计时考虑这些着装对象的因素，做到"以人为本"的设计理念。影响服装图案设计风格的因素还包括年龄、性格、环境等因素。总之，服装图案可以使服装增添艺术魅力。随着人们生活水平的日益提高，人们不断尝试不同风格的服装，并不断装扮自己，逐渐成为人们文化欣赏的重要内容，服装图案将越来越多地被加入男女服装设计及童装设计之中，使它成为审美的重要组成部分，担负着美化生活、装扮社会的实用功能。

（二）服装图案与着装心理

1. 服装图案的知觉原理

单纯地对环境中客观事实的客观反映是感觉，而知觉带有相当程度的主观意识和主观解释，知觉是对感觉讯息处理的心理历程。知觉是根据感觉所获得资料的心理反应，在此指服装形象内容。

知觉也可称为知觉经验，它是相对的，我们所获得的知觉经验，是受到看到的物体周围所存在的其他刺激的影响而产生的。例如，同样款式与花纹的服装，穿着在胖、瘦、高、矮、黑、白不同人的身上，给人的知觉经验各不相同。可见知觉经验的相对性，建立在服装系统界面的心理作用上。

知觉心理有相对性、选择性、整体性、恒常性、组织性等几方面。知觉相对性中的知觉对比，指两种相对性质的刺激同时出现或相继出现时，由于两者的彼此影响，致使两种刺激所引起的知觉差异特别明显的现象。例如，穿黑白服装的两人并列在一起，在知觉上就会觉得穿黑衣者越黑，穿白衣者越白；同样身材与身高的人分别穿上宽松衫及紧身衣并列，也会使人产生前者偏胖后者偏瘦的知觉。关于知觉对比，在这里我们只谈视知觉方面，因为它直接影响服装创造与行为中的心理因素，如图3-1-13所示，居中间的两个圆形半径完全相等，而由于周围环境中其他刺激不同，从而产生对比作用，使人在心理上形成图3-1-13（a）的中心圆小于图3-1-13（b）的中心圆。这种由对比而产生的知觉差异现象，形成了图（a）的圆为躯干图案装饰，而图（b）的圆有强调胸腹的标志特征，两个不同的知觉对比丰富了不同的设计内容。

服装图案由图形元素按不同的设计和形式的语言调度、组合而成。组合中的元素基本形态具有可视、直观的特性，在对不同的基本形态知觉中唤起

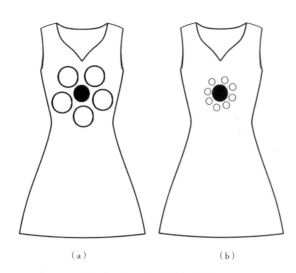

（a）　　　　　　　　　（b）

图3-1-13　同心圆的知觉差异

不同的心理经验，在形象与知觉心理的作用过程中产生不同的服用效应。

2. 服装标志图形的心理因素

服装标志图形是传递服装信息的符号，如商标、贴标、标识，它们起着揭示服装内涵的作用。在以小见大、以神传形中折射出服装的品质、类别、使用范围、价值取向、消费层面等内容。如图3-1-14（a）所示的图形赋予人童趣的感受，能判断出它是孩子们的宠物，是优质童装的代表，并需有一定的经济能力才能承受等综合的心理反应，服装标志图形有一个最基本的要求，就是使人们容易理解这些图形的含义。例如，在熨斗图形中打上"×"表示此服装不宜熨烫，一目了然，容易理解，这是单维视觉编码的作用。所谓"单维视觉编码"，是指用刺激物的单一视觉属性传递信息的编码。单维视觉编码的刺激属性有色彩、形状、大小、闪光、线长、亮度、数字、字母等，如图3-1-14（b）和图3-1-14（c）中的"e"和英文"Y.S.L"分别对应"外卖服""高级时装"，即是由标志图形对服装类别进行编码来表明服装品质的说明。

（a）　　　　　　　　　　　（b）　　　　　　　　　　　（c）

图3-1-14　服装标志图形（http://pic.sogou.com/）

服装标志图形的心理因素，以关注单维视觉编码为主，因为服装设计造型形态能够与色彩产生视知觉的表象感应。例如，"米老鼠"的形态与"顽皮""童趣"的心理感应对应。要达到对标志图形的理解，必须符合人的知觉特点与心理适应性。在此举例说明如何按照人的知觉特点与心理感应对应来改进服装标志图形的设计。如图3-1-15（a）所示的符号标志要求鲜明醒目，清晰可辨。服从于这一要求，服装标志图形要使主题突出，左侧图中的横线位于背景中央，主题突出，充分显示了"平放晾干"的指示内容。图3-1-15（b）所示强调块面，块面比线条更有效应。左侧图的视觉冲击力强于右侧图，在于实心块面力量大于空心轮廓。图3-1-15（c）所示的闭合环绕的图形加强了视知觉的过程，在心理感应上有完整、顺贴的反应。图3-1-15（d）所示简洁明了，服装标志图形如同其他门类的标志图形一样，简洁概括为最高境界。左侧"耐克"运动服的标志，包含着有利于理解它含义的特点，如"运动""认同""上升"等心理反应，而右侧的图形则显得琐碎、整体性不强。强调标志图形的视觉冲击力，在鲜明醒目、清晰简明的处理中，协助人们对服装内涵的理解，并符合人们心理对图形信息的特定适应性。

图 3-1-15　标志图形的知觉特点

（三）服装图案设计影响因素

1. 服装图案设计原则

（1）从属性：服装图案的从属性，指服饰图案的设计方案要为服装的总体设计目的服务。如图3-1-16所示，要根据已经确定的款式、面料、色彩、工艺、造价等条件，综合考虑以上诸多因素之间的合理关系，从而确定服饰图案的最终方案。

（2）统一性：服装图案的统一性含义包含两个方面：一是服装图案与附件、配件图案的统一，即与头巾、围巾、领带、鞋、帽、首饰、纽扣、腰带、手包等图案的统一，以便达到整体和谐、完整划一的效果；二是服饰图案与着装者、环境的统一，即服饰图案的内容、大小、色彩、风格的设计，要根据着装者的体型（胖瘦、高矮、溜肩等）、性格（急慢、冷热、孤僻等）、场合（婚丧、节庆、晚宴等）等的需要来设定，以便达到既符合通常规律，又满足个人特殊需求的效果，如图3-1-17所示。

图 3-1-16　服装图案的从属性（清朝服饰）

图 3-1-17　服装图案的统一性
［2021秋冬齐默曼（Zimmermann）］

（3）审美性：服装图案的审美性是它存在的根本属性。其主要表现于，一是增加图案装饰手段后一定要比增加前更美，否则毫无意义；二是在能够满足一般装饰美化的基础上，还能够表现出着装者和设计师对服饰的时尚性、个性、风格、品位的追求和理念表达。

（4）实用性：在服装图案设计时，不仅要考虑其艺术性，同时要兼顾其实用价值。一件服饰产品的作用，不仅满足人们的物质需要，还应具有强烈、鲜明的个性气质和审美价值。服装作为一种装饰形态，表现了人们追求美的心理愿望，它反映了人的精神面貌和思想感情。

2. 视错现象在服装中的运用

知觉中的错觉现象可以修正人体形态，如图3-1-18所示，通过错觉原理使人的形体显胖或显瘦、显高或显矮，这方面的处理在事实上已被服装设计师或着装者自觉或不自觉地运用了。例如，模糊垂直水平线，增加人体在视觉上的宽度而显丰满；强化人体下肢部垂直线，回避褶裥与裤口卷边而显形体修长等。这里要明确的是错觉修正人体形态的态度，即注意视错觉经验的积累，善于用图形、色彩来表示错觉现象，尊重视知觉中错觉的失真判断，将失真判断融合到服装设计中，在不合理中见合理。

（a）作者手绘

（b）作者手绘　　　（c）2020春夏Chiara Boni La Petite Robe　　　（d）2019秋冬艾里斯·范·荷本
（Iris van Herpen）

图3-1-18　视错觉图案与服装

错觉现象形成的真正原因，至今心理学家仍未有确切定论，况且作为服装创造者来说，没有必要为此深究，需要关注的是如何将明显的错觉现象合理地渗入艺术形态创意之中。

四、服装材质设计人因分析

（一）服装材质概述

服装材料是服装构成的物质基础，同时，服装的艺术性、实用性和社会性通过服装的材料能在一定程度上表现出来。服装的档次高低，往往也取决于材料档次的高低。

按服装材料的属性分类，可以分为纤维制品、裘革制品和其他制品（表3-1-2）。

表3-1-2 服装材料属性分类

服装材料		
纤维制品	纤维类	棉、麻、丝、毛、黏胶、涤纶、锦纶、腈纶等
	线类	机织用纱、针织用纱、缝纫线、编织线
	绳带类	扣紧绳带、装饰绳带
	织物类	各种纤维、组织、加工的机织物，针织物，非织造物
裘革制品	天然皮革	裘皮、革皮
	人造皮革	仿裘皮、人造革皮、合成革皮
其他制品	塑料、金属、木、竹、石、贝、纸、骨等	

按照行业的习惯，服装材料可分为主要材料和辅助材料两大类。其一是主要材料，一般指服装的面料，常用的有棉布、丝绸、呢绒和各类化学纤维织物等，如图3-1-19所示。此外，还有少量指皮革、裘皮、人造革等。其二是辅助材料（又称辅料），指除服装面料以外的一切服装材料。辅料是与主要材料相对而言的，是指服装上的衬料、里料、缝线、纽扣、拉链、腰夹和花边等材料。

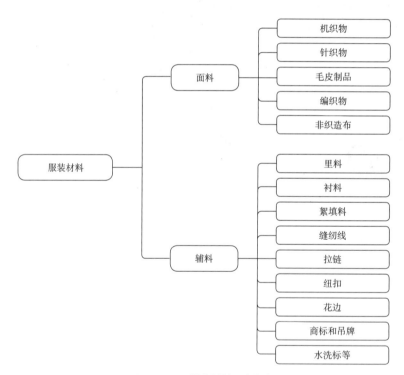

图3-1-19 服装材料用途分类

（二）人体对服装材质性能的要求

1. 服装面料与人体

随着人们生活质量的提高及纺织科技的发展，服装面料日趋注重对健康、保健的需要与外观形态美的结合。例如，对织物进行的抗菌、防臭、增强人体微循环、抗静电、反光、阻燃整理、砂洗、免烫整理、液晶变色、镂空等各种整理和处理方法。可以说，服装面料从兽皮、树叶到如今功能各异的品种，始终注重面料如何更合理地与人接触：文艺复兴时期欧洲意大利人创造的针织紧身裤，开创了服装面料修形保暖（勾勒下肢形态，柔软而富有压缩弹性）的先河；1959年杜邦（美国公司）研制的莱卡纤维（Lycra）更使人体会到什么是肌肤的亲和感（合体、伸缩性强、保形好）。如今，在"服装适应人"的行为意识下，追求服装面料最大限度地满足人的生理、心理需求，显得大有挖掘潜力。例如，对化学纤维的进一步改良与整理，使之在吸湿、舒柔、卫生方面能与天然纤维媲美；天然纤维在保持其对人体肌肤有益的基础上，使之具有化学纤维的抗皱、定型、挺括等优良性质；面料在舒适性、伸缩性、导热性能、防水透气性等方面更加完善。但真正做到服装面料全方位与人匹配，尚任重而道远。

从服装设计的角度看，把握面料的性质，在运用面料与款式创造之间是构造健康卫生且功能卓越的桥梁。如液晶服装，根据光谱波长不同的反射产生不同色彩，而不同色彩产生不同的热交换值，起到调节人体与服装的热辐射的作用；防暑、防寒服装，能根据环境温度而自行调节衣服的透气性能，有助于皮肤新陈代谢；卫生保洁服装能抗菌、抗霉、抗尘及治疗职业病，以免人体机能受损。所有这些富有前景的开发项目，既依靠纺织面料研制者科学的创造，也要求设计师具有强烈的服装人体工效意识。

2. 服装功能对材料的要求

（1）生理卫生要求：对应外界环境、气候的变化，利用服装补助人体的生理机能和防止来自外界物象对人体的伤害，以保护人体。一是要求服装的款式和材料具备防寒保暖、隔热防暑、吸湿透气、防雨防风等功能。二是要求服装的材料具备耐用、防毒、防火、防辐射、防污、无刺激等功能。

（2）适应活动要求：在日常生活的各种劳动和休息场合中，利用服装充分提高人体的运动技能、生理机能，以提高工作效率和生活效果。如各种工作服、运动服、登山服、游泳服、睡衣、休闲服等，要求服装材料具备一定的弹性、强度、柔软性等。

（3）装饰美观方面的要求：在社会生活中，利用服装表现个人的兴趣、性格、审美意识或向他人进行展示以引起注意。这类服装包括所有的装饰性服装和在原来实用的基础上，进行不同程度的装饰的日常生活服装。表现为服装的款式、色彩、外观效果及与穿着个体、穿着环境的协调统一等多种因素的综合效应，要求服装材料具备审美性和装饰性。

（4）道德礼仪方面的要求：在社会群体生活中，利用服装达到人与人之间的精神交流，保持礼节、表示敬意等。这类服装的款式、色彩、材料等受社会、民族、地域的特定风格、风俗习惯、规章等的制约，并各具特色。如访问服、社交服以及我们现在的日常服、外出服等。

（5）标志类别方面的要求：在社会生活中，特定的个体或群体为了标志其地位、身份、权威、职务、角色和行为而穿用的特殊服装。如各种制服、职业服装以及服装上的肩章、臂章、饰带等标志物。随着社会分工的复杂化和细分化，这类服装的种类也越来越多。

（6）耐用方面的要求：人们在日常生活或生产劳动中，服装均会受到或多或少的摩擦，所以要求服装材料具备一定的耐磨、防晒等功能。

3. 人体对服装材质的舒适性要求

人体对服装材质的舒适性要求参见第六章，此处从略。

第二节　特殊人群适穿的服装设计人因分析

一、婴儿适穿服装设计人因分析

（一）婴儿体型变化与生理特征

婴幼儿服装不是成人服装的缩小。小孩不断成长发育，体形不断变化，各个时期都有其独特的服装。根据医学上的划分，从出生至1周岁为婴儿期，1~6岁为幼儿期（其中1~3岁为幼儿前期，4~6岁为幼儿后期），7~12岁为儿童期（小学生），13~17岁为少年期（中学生），18~24岁为青年期（大学生），25~44岁为壮年期，45~59岁为中年期，60~89岁为老年期，90岁以上为长寿期。

人体体型因骨骼大小、肌肉发育、体质强弱、种族遗传等不同而有明显的个体差别。同时，因地域、气候、风土、环境、年龄、性别、职业等不同以及发育条件的影响，形成了不同的体型。婴儿期头大，无颈，腿短，上身长。幼儿期开始长脖子，但脖子很短。与婴儿期同样，身长、体重、胸围都有所增加，特别是幼儿前期比婴儿期腹部前突，前胸腆起，下半身发育明显。4岁以后，下腹部突出已不明显，后背弯曲增大，腰部没有明显的细处，男女之差上表现为男性幼儿比女性幼儿稍大。人体的比例可使用相对于头高的身长比来表示，1岁婴儿为4头身，4岁幼儿为5头身，9岁儿童为6头身，16岁中学生为7头身（图3-2-1）。

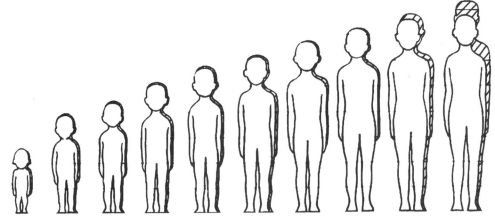

图3-2-1　婴幼儿、少儿体型发育变化

从出生至17岁、18岁是少儿的成长发育期。这个时期的服装，应该考虑保温性、保持皮肤清洁和便于身体活动。新生儿特指出生至满月期间的婴儿。新生儿所需的最适宜环境温度为32~33℃，比成年人的25~28℃高，所以，新生儿应加强保暖。婴儿的汗腺发育不完全，难以用汗液蒸发来调节体温，同时，婴儿调节血管扩张和收缩的神经作用较弱，皮肤散热和保温作用比较差。特别是出生3~4个月的婴儿，对冷和热的适应能力很弱，穿多了会过热，穿少了又要着凉。当婴儿出生半年后，由母体携带的受身免疫抗体减弱，是一生中最易感染疾病的时期，而且适应气候变化的能力还很不充分，对冷热寒暑的抵抗力仍然很弱，体温调节平衡极易遭到破坏。婴儿的体型是头部和体干部大，四肢发育迟缓，所以，服装的重点应放在有利于成长发育上，避免瘦小的衣服，不要使用硬、厚的衣料，以免妨碍运动机能的发育。特别是婴儿的皮肤表面湿度高，身体小，新陈代谢旺盛，易出汗，肌肤纤细，对外部的刺激十分敏感，易引发湿疹和斑疹。

幼儿期是指从能够站立到上小学前这一时期。幼儿期的生活方式发生了很大变化，在身心发育的同时，应充分考虑身体的保护。幼儿期运动机能发育明显，运动逐渐灵活，身高、体重、胸围都有所增加，特别是下身发育明显。超过4岁后，每年体重增加约1.5kg，身高增加5~6cm。幼儿期新陈代谢旺盛，出汗量大，内衣易脏。由于活动活跃，外衣很易脏污。

（二）婴儿服功能要求

（1）婴儿缺乏体温调节功能，所以需要用穿衣服来调节体温。在寒冷的环境中，应注意保温，尤其婴儿期出汗多，水分蒸发也多，婴儿服应该经常换洗。

（2）内衣要采用不刺激婴儿皮肤的柔软材料。婴儿皮肤娇嫩，所以避免用加工处理剂或有害物质（甲醛，断针头等），缝份和卷边应尽量少。不要做得又厚又硬，内衣的卷边应该在外边。

（3）衣服应该宽松、质轻，避免在局部范围内压迫婴儿身体。

（4）婴儿经常出汗、撒尿拉屎、吐奶，所以皮肤很容易感染，应该勤洗衣服。为了能经常穿干净整洁的衣服，婴儿服应该选择耐洗涤的布料。

（5）颜色最好是白色或浅色，花纹简单。

（6）便于穿脱、换尿布。

对刚出生至约一周岁的婴幼儿来说，尿布是重要的衣物之一。尿布应该具备以下条件：

（1）婴儿皮肤稚嫩，且比成人新陈代谢旺盛，所以体温高，水分从皮肤表面的蒸发量也多。材料应该触感好，柔软，能充分吸收水分，耐洗涤。使用纯棉布作尿布比较好。

（2）白色或浅色尿布有利于分辨排泄物的状态和判断健康状况。

（3）要求透气性好，以免尿布里面容易形成高温、高湿状态，导致皮肤病，且影响睡眠。

（4）使用尿垫时，不要裹得太紧，以免压迫婴儿的腹部和大腿，应保证腿部自由活动和腹部呼吸的顺利进行。

（5）一次性尿布用起来很方便，但用的时间过长，容易引起皮肤障碍，所以应该勤换。纸尿布便于旅行时携带，而且湿了以后很快就干，所以不会有不适感，皮肤感觉始终良好。美中不足的是很难培养婴儿良好的排尿习惯，而且不够环保。

（三）婴儿服设计要点

1. 材料

婴儿服装应选择轻柔、富有弹性、容易吸水、保暖性强的材料，最好有一定的透气性，并且能耐洗涤。粗糙的衣料、过硬的边缝和过粗的线迹，都易擦伤皮肤，尤其是颈部、腋窝、腹股沟等部位，会因衣服粗糙或僵硬而发生局部充血和溃烂。因此，婴儿衣料宜选择棉针织布，也可使用大人穿过用过的旧内衣、旧背心、旧床单等无刺激性的干净柔软旧物。可能的话，最好选用天然纤维材料，尽量不使用化纤织物。因为大多化纤织物吸湿性差，透气性差，长期穿用时还会导致某些有害物质进入体内而损伤婴儿肝肾功能。织物上的染料、各种后整理剂等有可能引起皮炎等皮肤障碍，所以，布料应在水洗后使用。特别是作为尿布使用时，既不能选择染色布，也不能使用粗硬的布料，以免刺激婴儿皮肤，甚至会因皮肤吸收导致中毒。颜色上应避免强烈色彩，夏季可选用白色、粉色、淡蓝、奶黄等色，冬季可选用红、粉、黄橙等颜色。

2. 款式

婴儿服装的款式应宽松，便于穿脱和洗涤。新生儿每天除哺乳时间外，其余时间都处于睡眠状态，所需服装主要为睡衣（或裹布）。在婴儿期，前期的6个月睡眠时间较多，后期的6个月已有较剧烈的活动，所以前、后期的服装在结构形态上是不同的。婴儿在前期，最好采用宽松肥大的布拉吉（斜开襟、无领式的连衣裙）结构，肥大的插肩袖，前部开口（如领口、袖口、里襟、门襟等）尽量大些，并能够根据气候的变化进行严实包裹。另需注意缝制线迹尽量不接触皮肤，缝边最好是毛边，尽量使服装容易穿脱。婴儿在后期，手脚开始自由活动，并且动作逐渐加剧，应选择两件套服装，如针织棉毛衫、裤等。

从四季看，夏季只要穿棉汗衫、短裤等单衣裤即可。春秋季节，婴儿前期最好穿布拉吉，再加上1~2件棉毛衫；婴儿后期应及时穿着两件套服装。冬季，婴儿前期可贴身穿柔软的布拉吉，外套1~2件前开襟的毛线衣，最外层还可用斗篷式包被包裹；婴儿后期应及时穿着两件套服装，外穿保暖性强的针织毛线衣，最外层还应有棉、毛、腈纶的外套（图3-2-2）。

图3-2-2 婴儿服（https://www.taobao.com/）

3. 着装

尿布是婴幼儿最重要的服饰配件之一。尿布内高温高湿，湿热感极强，特别是梅雨季节和夏季，有时尿布的特性会助长这种闷湿感觉，使湿度达到100%，令人十分不快。湿尿布会减弱腹、腰、臀部皮肤的抵抗力，引发湿疹、斑疹等，所以应经常更换尿布，以保持皮肤干燥。尿布宜选用半旧的棉织品，折叠成宽 15 ~ 20cm、长 30 ~ 50cm 的长方形，也可折叠成大块三角形，垫于臀下。近年来，纸尿裤为人们逐渐接受。纸尿裤表层为无纺布，内层以吸收纸、高吸收性聚合物作为吸水层，底层是防水层。纸尿裤对皮肤无刺激，吸水层有较强的吸湿性和保水性，尿液不外漏，可预防尿布性皮炎。在式样选择上，应选择薄型、超吸水性、透气性大、弹性好的尿裤，按照婴儿的身长和体重选择大小。

　　婴儿的着装应考虑以简便、轻量、保暖、柔软、宽松为第一准则，美观、大方为第二位。婴儿穿着过多过重，不仅妨碍婴儿四肢及头部的活动，造成运动量不足，新陈代谢缓慢，影响对疾病的抵抗能力，而且长期穿得过多、捂得过严，还会使婴儿体温调节功能发生障碍，更容易导致感冒，影响孩子健康成长。所以，应根据气候的变化及时更换衣服。

二、孕妇适穿服装设计人因分析

（一）孕妇体型变化与生理特征

　　孕妇装通常是指妇女怀孕期间直到孕妇分娩之后所穿服装的总称。孕妇装应该是能遮住产前妇女体型和生理上的变化，并能让人看起来漂亮、健康的服装。因为怀孕期妇女的身体动作迟钝，感情起伏大，因此为了能使孕妇以轻快而愉快的心情度过这一时期，着装上必须注意干净、保暖和穿脱方便。

　　正常女性怀孕足月时，体重较孕前增加 25% 左右，平均增加总量为 12.5kg。妊娠初期（1 ~ 3 个月）体形变化很小，个别母体在 11 周末时下腹部略有膨起。进入妊娠中期后，母体体形开始出现明显变化。由于体内激素分泌加速，胸、腹、臀突出来，乳房增大，腹部前挺，为维持中心平衡，胸部向后，颈部向前，肩部下垂。同时，为了保护胎儿，储存必要的奶汁脂肪，孕期女性的下身也相对横宽，上臂、背部、大腿变厚，整个身体变得又粗又圆。通常，正常孕妇的腰围在 3 个月以前变化不大，但过了三四个月之后腰围以每月约 5cm 的速度增长，到 10 个月时增长 25 ~ 30cm。而乳房是在怀孕 6 周左右开始逐渐增大，与腰围不一样，每个人的增长幅度不同，怀孕的前 5 个月胸围增长 4 ~ 6cm，10 个月时可增长 15cm 左右（图 3-2-3）。因此，在怀孕 5 个月后开始用束腹带并穿孕妇装。

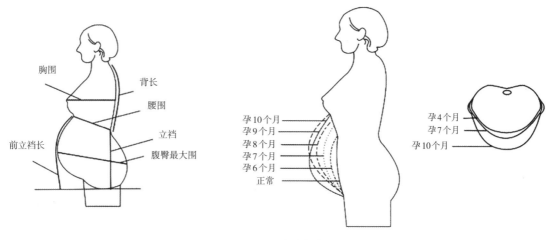

图 3-2-3　孕妇腹部变化

（二）孕妇服装功能要求

（1）不能束缚身体：孕妇在怀孕期间血液循环比平时旺盛，为了使血液循环顺利进行，应该穿着宽松的衣服，尤其是上腹部不能勒得太紧，否则会压迫子宫，造成子宫下坠。

（2）下半身不宜过凉：在怀孕期间，应注意身体的保暖，尤其是腰部过冷，很容易子宫充血并造成流产，所以应该经常注意下半身的保温。即使是在夏天，也不能因感到闷热而使其过凉。

（3）注意清洁：孕妇在怀孕期分泌物多，因此短裤、内衣、腹带等贴身衣物都必须经常更换洗净。

（4）巧用束腹带：束腹带在保护孕妇腹部、托住腹部使其姿势端正的过程中起重要的作用。束腹带能裹住腹部，保护腹部不受外部的冲击。束腹带能给孕妇稳定感，但如果勒得太紧，则不利于胎儿成长。孕妇装应该是质轻、宽松的衣服，为了不影响视觉效果，常常在胸部下面或腰两旁收褶裥。设计时，主要考虑领口、胸部的形式和尺寸，上身和袖子、领子的颜色、花纹不一样，可以分散人们的注意力（图3-2-4）。

图3-2-4　孕妇裤及哺乳衣（https://www.taobao.com/）

（三）孕妇服装设计要点

妊娠期女性胸部和腹部明显变大，因此在设计孕妇装时要增大腹部和胸部的围度，改进孕妇服装的结构设计。合理的设计不仅能消除孕妇的行动障碍，还能起到美化孕妇身形的作用。

1. 色彩

孕期女性在生理及心理上会发生变化，情绪不稳定，脾气容易暴躁，因此在设计时应避免高明度、高纯度的色彩对比，尤其是高纯度的冷色系，这种强烈的色彩对比不仅不会缓解孕期女性的焦虑症状，更会加剧其情绪的不稳定，不利于胎儿的健康发育。在孕妇装的色彩选择上既要满足孕期女性的生理、心理需求，同时也要结合自身的实际情况作出合适的选择。例如，在怀孕初期，即1~3月时，大部分孕妇倾向选择高明度、高纯度的暖色；在怀孕中后期，孕妇可选择相对稳重的低明度色彩或低纯度色彩，切记避免强烈对比的互补色，不利于孕妇情绪的稳定。

2. 面料

面料的舒适度和柔软性是孕妇最为关注的一个因素，首先要保证孕妇的健康、舒适，以孕妇的生理和心理需求为主；其次利用面料的特性来塑造功能性与美观性并存的孕妇装。面料选择应以纯棉为主，尽量选择透气性强的天然材质，如纯棉、真丝等。尤其在夏天，纯棉是首选，不仅透气，而且柔软、吸汗、耐洗。与此同时，应避免选用有化纤成分的布料。化纤布料在加工过程中使用化学药剂处理，直接与孕妇皮肤接触，会因孕妇皮肤敏感性的增高而引起皮肤发炎，对胎儿也不利。

三、老年人适穿服装设计人因分析

（一）老年人生理机能与心理状态

按照《中华人民共和国老年人权益保障法》及国际通用标准，年满60周岁及以上的人称为老年人。世界卫生组织规定，发达国家65岁以上，发展中国家60岁以上者为老年人。老年人口可以根据年龄阶段的不同再划分为以下阶段：60~69岁为低龄的老年人口，70~79岁为中龄老年人口，80岁及以上为高龄老年人口。

1. 老年人生理机能

随着年龄的增长，老年人在生理方面的感官功能及身体机能都会出现不同程度的衰退。首先，老年人的感官功能下降，其视觉、听觉、触觉、嗅觉及味觉的敏感度都会降低，这会使老年人反应逐渐变得迟钝。其次，老年人的脑部功能逐渐衰退，记忆能力变差，思维反应迟缓，智力水平也会随之下降，对身体或外界的刺激无法做出快速判断。老年人的脏器功能也会衰退，其心脏功能、血脉功能、肺部功能、肠胃功能以及肝肾功能等都大不如从前，容易患有如心脏类疾病、"三高"、气管炎、消化道疾病、慢性肝病及糖尿病等一些常见的老年病。而且，随着年龄的增加，老年人的肢体灵活程度下降，抵抗力和自立能力变差，皮肤更加脆弱。

2. 老年人心理状态

人到老年，心理状态会发生明显变化，如疑心重、固执保守、焦虑、孤独、自尊心强等，这些心理特征与身体状况、家庭及环境等息息相关，在很大程度上影响着老年人群的生活质量。首先，人到老年容易多疑、焦虑且自尊心强，疾病或者吃药会使他们觉得自己不健康，担心被嘲笑，从而产生一定的自卑感和羞耻感，导致他们减少社交活动，而这些不良的心理影响反过来又会加重身体机能的退化。其次，恐惧、抑郁和焦虑等不良情绪给老年人的睡眠造成困扰，增加跌倒、压疮、尿路感染等不良后果，甚至可能引起更严重的并发症，从而导致恶性循环。据研究，高龄老年人存在不同程度的心理问题，甚至有患者将自己孤立于社会，活动受限、丧失自信，最终失去自理能力，其直接后果是脱离社会而完全依赖护理员的护理，从而加重社会负担。

（二）老年人常见体型分类及穿衣常态

我国老年人常见的体型有四种：塌肩体、驼背体、凸肚体、凸臀体。

（1）塌肩体老人特征：肩型较斜，肩斜角大于22°，通常还有体胖、躯体厚实等体态特征，着装后前、后袖窿不服帖并有斜向褶皱。

（2）驼背体老人特征：胸椎呈弓形弯曲，后背明显突出，人体前中心线向前倾，肩胛骨呈弓形，肩峰点前移，颈部前倾，胳膊也顺势向前倾斜。驼背体分为轻度驼背体和强度驼背体。着装后胸部空，背部紧，背峰周围起皱，后腰节长度明显不足，后下摆起吊并上翘，衣服下摆前长后短，袖窿后紧前松，腰节过长，有斜向褶皱。

（3）凸肚体老人特征：腹部饱满，向前凸起。着装后，腹部周围出现放射状的皱褶，前下摆起吊并上翘，后衣片有横向的皱褶及多余量。

（4）凸臀体老人特征：臀部很丰满，形状为隆起的浑圆体。着装后，后臀部产生牵吊状斜向褶皱，裤装侧缝向后倾斜，裙装后裙摆向外起翘，裙下摆前长后短。

从总体上说，无论何种体型的老年人，面料的选择会更加讲究质地。常见的老年服装面料会选择质地较好、档次较高、手感柔软、穿着轻便、便于洗涤的面料，如各种毛混纺织物和经过防皱整理的毛织物。如果是内衣则更应注意选择吸湿性、保暖性、透气性等服用性能较好的材料。

在服装色彩上，老年人一般穿着一些稳重大方、柔和素雅并能够给人以和蔼可亲之感的颜色，注重丰富多彩，不能总是穿黑、灰、蓝等暗淡的颜色，或适当点缀一些鲜艳的颜色，如蓝、灰、茶色配米黄、墨绿、大红等。有时也会通过选择不同面料的条格和图案搭配，来协调颜色。

（三）老年人服装功能要求及设计要点

受生活环境的影响，每位老年人的生理功能及心理状态都存在着较大的个体差异性，不仅每位老年人的衰老情况不相同，而且老年人各器官功能的衰退情况也不尽相同。不同健康状况的老年人对服装的需求也有所不同。

生活完全自理的老年人（自己能够照顾自己饮食起居的老年人，身体健康状况较好，即健康型老年人）。这类老年人由于身体健康状况较好，必然会有很多参加社交活动的可能性，那么针对他们所设计的服装款式就要适应他们各种活动的需要。服装种类要多，款式变化要丰富，还要将服装的功能性、舒适性、安全性、时尚性与老年人的体态特征相结合。

生活半自理的老年人（需要他人照顾一部分饮食起居的老年人，平时只能长时间保持坐姿，即使短时间的行走也需要依靠拐杖或轮椅的辅助，即久坐型老年人）。这类老年人的健康状况较差，在家里或老年公寓停留的时间较长，参加社交活动的机会较少，大部分生活需要长时间保持坐姿，即使短时间的行走也需要依靠拐杖或轮椅的辅助，那么针对这类老年人所设计的服装款式就要以服装的功能性、舒适性和安全性为主要设计原则，结合时尚元素，在服装易穿、易脱等细节方面多做设计，使服装看起来和正常的老年服装没有差别，并适应他们的日常生活需要。

生活不能自理的老年人（饮食起居完全需要他人照顾的老年人，大部分时间都得卧床休息）。由于久卧型老年人的健康状况极差，普通的家居服装很难更换，因此，这类老年人的服装款式设计要以方便看护人员更换服装为主，着重强调服装的功能性、舒适性和安全性，要更适应卧床老年人的生活需要，重点强调服装的易穿、易脱。

此外还有部分老年人情况较为特殊，其服装要根据具体情况进行针对性设计。例如，大小便不能自理的老年人的裤裆部及腰部的特殊设计，上肢有残疾不能独立穿、脱衣服的老年人的各种款式上衣的门襟部位的特殊设计，长期不能行走的老年人袜套的特殊设计，需要坐轮椅的老年人的披肩及斗篷的特殊设计，咽喉处有疤痕或有引流管的老年人的围巾的特殊设计，不能独立吃饭的老年人的围嘴的特殊设计，上肢有残疾的老年人的背心肩部的特殊设计，需要在身体不同部位安放治疗药袋的服装的特殊设计等。

四、残疾人适穿服装设计人因分析

（一）残疾人心理状态

　　残疾人一般是指在心理、生理、人体结构上，某种组织、功能丧失或者不正，全部或者部分丧失以正常方式从事某种活动能力的人。随着社会的发展，国家对残疾人群体的工作方针也不断完善和加强，残疾人的服装也越来越受到行业内人士的关注。

　　残疾人在日常生活中往往会受到异样的眼光，社会上往往也在关注残疾人的同时存在着一些隐形或公开的歧视。残疾人的心理状态受到外界及自身认知的影响，在生活中会有部分人（正常人）在潜意识里对残疾人是消极态度，其主要原因有四个方面：对残疾的认知、残疾人的自我形象、残疾类型以及和残疾人的接触。正因如此，残疾人常会感受到来自社会的一些不友善的目光，从而感到强烈的自卑、不自信；其次是孤独感、抱怨等心理特征，甚至不愿意与人沟通与交流。服装在一定程度上代表着一个人的外观形象，分析肢体残障者的心理特征，结合影响其心理的因素进行肢体残障者的服装设计，可以为他们建立外部的自信，以良好的心态迎接生活。

（二）残疾人服装功能需求

　　为了使残疾人群能够过上有意义的社会生活，必须充分考虑他们劳动时穿着的工作服和日常服装。残疾人的日常生活动作包括起居移动动作、吃饭动作、脱衣动作、美容动作、排泄动作等。由于每个残疾人的身残程度不同，体形不同，因此很难制定出残疾人的服装标准，根据残疾人的残疾部位和残疾症状不同，应设计不同的残疾人用服装。例如，由于肢体的残疾，会导致残疾人体重或增加或减少，并意味着身体某部位可能会变大或变小，从而导致服装尺寸发生变化。因此，要正视残疾人肢体尺寸的大小变化。一些残疾人可能是先天性的体形不对称、不均衡，因为是从小致残或先天遗传，身体一直在非正常情况下生长发育，往往会导致肢体变短、脊柱弯曲、腰围变粗、臀围变宽等。因此，需要根据残疾部位与轻重程度，设置必要的开口、褶裥，利用视错觉，设计出比较美观、舒适的残疾人服装（图3-2-5）。

（a）2019北京　　　　　　　　　　（b）2015纽约

图3-2-5　残疾人时装秀

（三）残疾人服装设计要点

1. 面料

任何成功的服装设计都离不开选择正确的面料，特别是对残疾人服装来说，面料的选择更为重要。通常，残疾人用服装材料应选择保暖、透气、吸湿、耐久性好的材料，同时要注意不要刺激皮肤，宜选用触感好的天然纤维面料。针织面料、编织面料具有柔软、舒适、伸展特性好等特点，能帮助修饰体形缺陷。对于长时间久坐的人来说，轻薄的棉织物、毛织物、涤棉混纺、棉氨纶混纺织物比厚重的羊毛或粗布服装舒适。残疾人常常会感到冷，因而需要服装的保暖性好，而且要轻薄易穿。许多残疾人由于过重过厚的服装，导致身体局部疼痛增加，或没有足够的气力去穿脱过于厚重的衣服。残疾人服装的衬里最好采用光滑的丝绸，以便穿脱时减少摩擦。对于能够行走的残疾人服装，其颜色以浅而柔和为好，以便给人以平稳感。对于不便于行走的残疾人服装，其颜色可适当深些，但也应以能够辨别污物为宜。

2. 款式

残疾人服装应力求简洁、穿脱方便、宽松、不束缚身体，有利于肢体活动与体位变换。如有些休闲西服、休闲式运动服，因穿着比较简便，常常被残疾人穿着。带有松紧带或自动收腰的裤子能省去腰带和背带，穿脱比较省事。传统袖身或合体后身的服装，残疾人就很难穿上，而有着宽大袖窿的衣服，如汗衫、蝙蝠衫等就易于穿脱。再有后背有纽扣的衣服，对残疾人来说就更是不可能的。拉链对残疾人来说可能是较简单的扣合方式，应适当增大链柄或增加拉环以便于残疾人握持。长期使用轮椅的残疾人，两肩与胳膊的肌肉可能较发达，衣服的款式在肩、臂处必须加大尺寸、注意宽松。因残疾带来的穿衣问题，首先是选择适当的宽松款式，同时应注意对服装加以必要的改造设计。如上厕所时解系裤子，对身体正常的人来说这是极其简单的动作，而对于一位严重残疾的人来说可能是极其困难的。这时若在裤子每条裤腿的外侧加装一个从腰到腿的长拉链，就可以通过拉链使裤子后片解开，方便残疾人上厕所（图3-2-6）。

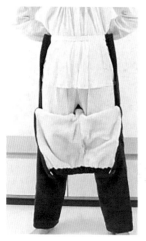   

（a）作者拍摄　　　　　　　　　　　　　（b）http://pic.sogou.com/

图 3-2-6　残疾人功能性服装

五、特殊工作服装设计人因分析

随着社会的发展，工业生产、科学研究、医学发展、政治需求、极地探险、自然灾害等事件的发生，人类遭受到的物理、化学因素的应激日益严重，人类活动的领域也扩大到极区、深海、地底和宇宙等地。为了维持生命安全和正常作业，一些相应的特殊服装或装备的需求也随之而来。作为服装行业工作者，有责任为社会及行业发展做出自己的贡献。

（一）医护服装

医护服装属于职业装的范畴，是一种显示医护人员不同岗位、不同任务的特殊制服，它既要保证穿着者的安全与身心健康，又要求给环境、工作场所的秩序和美观带来良好的影响。其功能性主要表现在医护服装的设计过程中，从医护人员的职业、工作环境、患者和使用工具上，在造型和结构上，色彩上及使用面料方面切实考虑。

1. 医护服装功能性要求

（1）便携性：首先要便于穿着。对于医护人员，特别是急救室的医护人员来说，时间就是生命，便于穿着是医护服装设计时应考虑的重要因素。其次，便于携带工具，医护人员日常工作时需要携带大量工具，如听诊器、叩诊锤、笔、笔记本和手机等。这就要求应特别考虑医护服装口袋的设计，需要有足够的口袋便于将携带的工具进行分类放置，并且需要依据手的大小及肩、肘关节运动机能确定口袋大小与袋位进行设计，从而方便取放物品，减少动作浪费时间，提高工作效率。

（2）运动性：为了便于医护人员开展工作，使肢体在运动过程中尽量不受服装的牵制，医护服装在设计过程中，不仅要考虑人体静态结构、外形和比例，还要研究运动状态。由于不同科室的工作不同，肢体运动量、运动幅度及劳动强度也各不相同，会影响到不同科室医护服装的造型，例如运动量较大的急救室人员，医护服装应采用行动更为方便的分体式设计。

（3）防护性：首先，由于医护人员要频繁与患者接触，在进行诸如静脉穿刺、导尿、换药以及床边生活护理等操作时，易携带各种病原体生物；其次，医护服装通常会沾染上病人的血液、体液、带色消毒液，药液等；再次，医护服装容易受到细菌的侵犯，尤其是传染性疾病；此外，医护人员在日常工作中接触的医疗设备，如血液辐照仪、各类X线机、CT机等，会产生大量辐射，长时间接触会威胁医护人员健康；最后，在低温干燥环境中，随着人体活动产生的静电还会影响诊断结果。因此，医护服装需要具备防污、防菌、防辐射、防静电等防护作用。

2. 医护服装设计要点

（1）款式方面：医护服装设计款式时，首先要充分考虑尺寸问题，宽松的医护服装使人看起来臃肿邋遢，没有专业气质，从而降低了患者对医生的信任感；太紧身的话，不方便医护人员工作，导致动作不够灵便。其次要根据男女身材的不同而设计，设计出适合不同性别的医护服装，护士的服装可以在腰间设计一条腰带，方便调节肥瘦。最后要在款式设计上秉承简朴、大方、整体协调的医护人员服装造型原则，除了力求方便、合体、舒适外，也应参考新颖、时代化发展的款式造型设计。

（2）色彩方面：医护服装的色彩设计要与其心理性、生理性、象征性以及周围的环境相结合。色彩的鲜、亮、明、暗都会影响医护人员和病患者的情绪，增加或减少医护人员和病患者的烦躁感、兴奋、疲劳和单调感。在色彩设计选择上，应结合色彩对心理的影响。

（3）面料方面：首先，不易起皱、不变形、不掉色的面料能够很好地维持医护人员的形象和医院的整体风貌以及精神面貌；其次，舒适的面料不仅有利于医护人员生理和心理的健康，还有利于开展工作。而且医护服装的面料不同于一般服装的面料，其性能要比一般面料复杂，如要求具有较强的吸湿透气性、面料质地手感柔软、穿着舒适、耐洗耐磨、易于打理、防静电、耐氯漂等性能。

（二）防护服装

防护服装的种类，包括消防防护服、工业用防护服、医疗防护服、军用防护服和特殊人群使用的防护服等。根据防护种类的不同，防护服装应具备的条件、防护的性能也要相应变化。总体来说，防护服装应具备的基本条件为：对身体能够完全防护、着装后作业没有不便、穿着舒服，特别是服装内气候舒适、洗涤保管容易等功能。

防护服装与一般性工作服的区别在于，一旦穿好进入工作环境，就不能随意脱下。防护服在提供防护性能的同时，存在体积大、厚重等问题，使穿着者受到热应激效应的影响，加之特种防护服装的结构都比较严密，这会使穿着者在工作过程中的舒适感有所下降。对于穿着者来讲，在舒适的条件下进行工作，可以延长工作时间，提高工作效率，减少工作失误。

常见防护服及其功能要求有以下几方面。

1. 消防防护服

消防服是保护奋战在消防第一线的消防人员生命安全的重要装备之一，它不仅是火灾救助现场的必需品，还是保护消防人员免受高温热源伤害的防火用具。消防服种类按结构划分可分为两类：上下分体式、上下连体式。按照功能划分可分为五类：消防灭火防护服、消防隔热服、消防避火服、消防指挥服以及消防防化服。其中消防灭火防护服供消防人员在火场外围执行灭火任务时穿着；消防隔热服供消防人员在火场上靠近或接近高温区进行灭火战斗时穿着；消防避火服供消防人员短时间穿越火区或短时间进入火焰区进行灭火战斗和抢险救援时穿着；消防指挥服供消防领导人员在火场统筹指挥灭火战斗和抢险救援时穿着；消防防化服供消防人员进入化学危险品或腐蚀性物质的火灾或事故现场进行灭火工作或抢险救援时穿着。

消防服可以保护火灾现场的消防人员免受火灾及有毒有害物质的伤害，故而消防服的防护性极其重要；在消防作业中由于消防员活动范围大，出汗量很多，所以消防服的穿着舒适性和热湿舒适性也不容忽略。因此，消防服需要满足的条件包括：一是消防服不可过厚或过重，应该提高热舒适性能和热防护性能；二是消防服结构设计应结合人体活动（工作）情况，提高灵活性；三是面料方面应设计研制高性能的消防服，使其达到更轻薄的外观、更高效的热防护性、更舒适的穿着性。

2. 化学防护服

化学防护服是消防员防护服装之一，是消防员在有危险性化学物品或腐蚀性物质火场和事故现场进行灭火战斗与抢险救援时，为保护自身免遭化学危险品或腐蚀性物质侵害而穿着的防护服装。化学防护服可以是密封的，也可以是不密封的，这取决于应用情况和危险的等级，但所用材料都必须能够抵抗化学渗透和降解。缝型结构也是影响防护服性能的一个重要因素，如果处理得不好，织物的针眼处会留下足够可以使微料或液体通过的孔隙，从而降低防护性能。

最早的防毒服是隔绝式防毒服，各国一直采用丁基胶、氯丁胶和其他弹性体来防护有害的生化物质，可对液滴、蒸气、气溶胶状的毒剂进行有效防护，但它最严重的缺陷是阻止毒剂透过的同时，也阻止了空气和水蒸气的通过，几乎没有散热透湿的作用，且穿着笨重，着装人员很快会因过热而难以忍耐，带来了极大的生理负荷。为改善防毒服的生理性能，解决其散热透湿性问题并增强其对毒剂蒸气的防护性能，许多国家先后开始致力于透气式防毒材料的研究。

近年来，生化武器战争、重大疫情、危险化学品泄漏等事件的频频发生对我国皮肤防护装备提出了重大考验。目前我国的化学防护服虽能达到基本的防护需求，但仍然无法实现舒适性与防护性能的统一。

随着新技术、新材料的出现与完善，化学防护服也将不再仅仅局限于原有的活性炭、橡胶类材料，而是使用新技术、新材料，向多功能化、舒适化、智能化的方向发展。首先，对于军事应用，在未来战场上，化学防护服不仅需要优良的生化防护能力，还需兼具作战的各项性能，有效提高单兵作战的各项能力与指标，增强单兵作战与生存能力，实现化学防护服的多功能化。其次，长期以来，化学防护服的舒适程度和防护能力一直是一对矛盾命题。目前，各国都在研究如何在保持防护性能的同时减少防护材料的质量、厚度，提高材料的透气和透湿性能，进一步提高人体穿着的舒适性。最后，随着高新技术的发展，化学防护服已不再局限于阻隔有毒化学物质的入侵，还可使用智能化的防护材料，通过光电信号对有毒化学物质的出现与渗透进行预警，或者对外界环境的变化及时做出反应，实现自动检测、报警、控温等多种功能，按需提供保护。

3. 军用防护服

军用防护服是一类能在现代战争条件下最大限度地有效抵御、防范、抗击恶劣气候和常规、生物与化学武器的侵害，为军人提供安全保障，保证部队有效战斗力的特殊服装。相对于一般防护服追求款式、舒适、美观、色彩而言，军用防护服更注重单件防护用品的材料、结构、性能和整个防护系统的负荷、完整性及经济的优化性。因为它是一种集多种防御功能为一体的柔性战斗力保障体系。

随着军事现代化的发展与战争的升级，各国都更加注重军用防护服的装备和新型防护材料的推广与应用，迅速开发出相应的新式军用防护服装，以适应各种战争条件下的有害环境，预防各式杀伤性武器对人体的损伤。目前，军用防护服的研究与开发已形成了一门多学科交叉的系统工程科学。军用防护服的不断发展，将会对军用纺织品提出新的、更高的要求。下面简要介绍几类主要的军用防护服：

（1）迷彩伪装服：即一种伪装作战服。用眼能够观察到人的距离一般为50～250m，而穿上迷彩服后在同样的距离则难以发现。现代战争使用红外夜视仪、激光侦察仪、电子形象增强器等高科技侦察技术，对迷彩服的伪装功能要求也越来越高。如迷彩服五颜六色的颜料里掺有特殊的物质，彩色斑块的边缘为不规则曲线，一件迷彩服上不许存在形状和颜色完全相同的图案等。为适应全天候、全方位作战的需要，迷彩服应适应不同季节和不同地区。如有适应春夏两季山地丛林地区的多色迷彩服，有适应冬季山丘丛林地区以灰色调为主的五色迷彩服，有适应冬季积雪区域的全白色迷彩服，有海军穿用的以蓝色为主的两色迷彩服等。最近，有人研制出了一种采用光色性染料的变色纤维，使新一代迷彩服能够随所处自然环境色调的不同而随时变换色调，当在沙漠中作战时，服装变为沙土黄色；当进入草原时，服装又自动变为黄绿色。

（2）防弹服：防枪弹和炮弹碎片伤害的作战服。早期的防弹服运用钢盔避弹原理，有胸甲，重量可达9kg。20世纪50年代，有人试验用合成纤维制造防弹服，当时用酰胺纤维制成的防弹背心能够抵挡67.9%的各类子弹和弹片，使胸部和腹部弹伤明显减少。后来使用凯夫拉纤维制造防弹服，使防弹服能够以柔克刚。凯夫拉纤维具有特别的柔韧性，当弹片袭来时，能够把弹片的冲击力分散，使弹片还没有接触皮肤时就已耗尽冲击力而停留在防弹服上。重量仅2～3kg的凯夫拉纤维防弹服，可以避免75%的炸弹、碎片造成的伤亡和25%步兵轻武器子弹造成的伤亡。近来，人们在全软式凯夫拉防弹服上附加一种轻质的特殊陶瓷材料（陶瓷、玻璃钢复合材料），成为软硬式防弹服。2000年5月，宁波天成集团宣称研制成功了一种高强防弹纤维。这种高强防弹聚乙烯是20世纪90年代初出现的高科技产品，它轻薄如纸似布，坚固胜过钢铁，将在国防装备方面发挥重要作用。

（3）三防服：防核武器、化学武器和生物武器的综合性作战服，一般由上衣、下裤、护目镜和防毒面具等组成。在20世纪40年代研制的三防服采用丁基橡胶制成，由于不透气而只在化学、生物和放射性污染较严重的地方使用。50年代末，开始采用氯胺浸渍服，这种服装透气性和散热性能较好，但对毒剂防护有选择性。60年代的三防服为内外两层，外层由耐火材料制成，内层为非织造布浸活性炭，再经防水、防油、防火等处理，能够防止毒剂液滴和蒸气、细菌和放射性污染。20世纪90年代的海湾战争中，英军采用的三防服包括防护罩衫、裤子和密闭的弹性面具。三防服外层采用阻燃尼龙和丙烯酸纤维制成，内层充填活性炭和阻燃物质，并可在10min内更换充填物，更换一次可防护24h。美军采用的三防服为上衣和裤子两节，外层是经防油、防水、阻燃整理的棉尼龙混纺斜纹布，内层是黏胶基活性炭织物，对毒剂液滴和蒸气的防毒时间可达24h。目前，我国的长春工业大学正在进行着三防织物和三防服装的研发工作。

✐ 思考题

1. 服装与人的感知机能有哪些？

2. 人的心理现象与生理节律有什么关系？

3. 如何根据人的体型进行服装款式设计？

4. 服装色彩、标志、图形对人的心理有什么影响？

5. 设计工作服要考虑哪些因素？

第四章

服装板型设计的人因工程

课题名称： 服装板型设计的人因工程

课题内容： 1. 常规服装动态舒适性板型设计

2. 特体服装舒适性板型设计

3. 上装口袋位置角度造型结构优化设计

4. 休闲裤口袋设计

5. 颈部形态与衣领结构

课题时间： 6 课时

教学目标： 1. 掌握胸部、肩颈部结构优化设计。

2. 掌握下肢部静动态特征及下装结构优化。

3. 掌握特体服装肩背部结构优化设计。

4. 服装结构补正。

教学重点： 常规服装动态舒适性板型设计及结构补正

教学方法： 线上线下混合教学

体现服装价值与品位的主要因素通常有结构、面料、工艺这几个方面。而要想准确地表现款式细节，就非板型设计莫属了，它将面料的舒适与优雅的一面展现出来，赋予人体修饰与活动功能，还需要运用结构变化去表达时尚信息与服装本身特有的风格。服装设计者对板型的把握也绝不仅仅基于对平面制图公式的认识，而应建立在更加广泛深入地对与之相关因素分析的基础之上，特别是常规服装动态舒适性与特体服装舒适性板型设计、服装口袋位置角度造型结构优化设计、颈部形态与衣领结构和人因工程因素。

第一节　常规服装动态舒适性板型设计

服装舒适性包括：热湿舒适性、运动舒适性、结构舒适性、压力舒适性和静态舒适性。人体穿着服装时，由于服装的板型、结构、放松量、服装面料的物理性能等方面的差异，会对人体形成不同的压力，形成不同的舒适感受。结构舒适状况往往可以通过服装压力舒适性来衡量。服装的舒适性是成衣穿着舒适性的重要影响因素。

板型舒适性衡量的主要人体部位是人体活动较多的关节部位，如肩部、上肢、腰部、膝部等。而人体上半部分肩部的活动最多、活动范围最大。对于人们来说，服装可以被誉为人体的"第二层皮肤"，它是穿在人体表面用以保护人体的一种具有保护功能的产品，服装同时又需要适应人们在生活中的运动状态。服装的着装舒适性主要包括热湿舒适性、运动舒适性、感觉舒适性、服装外观美观性。在穿着服装时，人们越来越意识到通过合理的板型设计来达到服装着装舒适和一定的功能作用是十分必要的。每个人的体型不尽相同，在运动状态和运动方式存在差别的时候，对于服装舒适性的要求也是有差异的。运动时，人体各部位之间会产生伸缩、弯曲等变化，而服装会随着人体的运动产生相对滑移，这时就产生了服装与人体之间的压力。这种压力会使人体消耗不必要的能量，降低人体舒适感，同时容易使人有疲劳感。当服装重量过大或者太紧时，将增加服装对人体的压力，压迫人体表皮血管，阻滞血液正常流动，甚至会影响人体的健康。人体运动的方式影响着服装结构设计，服装的结构又影响着服装的运动舒适性。例如，人体着装后，服装的重量就作用于肩部，若服装较重，会在穿着过程中使人体产生疲劳感；在设计袖子时，若袖子过细，则会影响人体的运动范围。所以我们在对上装进行研究时，服装的肩袖结构就是我们研究的重点。

板型、面料、工艺通常被看作是体现服装价值与品位的主要因素，而板型设计不仅要准确地表现款式细节，展现面料的舒适与优雅，赋予人体修饰与活动功能，也需要运用板型变化表达时尚信息与服装独有的风格。服装设计者对版型的把握也绝不仅仅基于对平面制图公式的认识，而应建立在更加广泛深入地对与之相关因素分析的基础之上，特别是某些相关因素和人体工学因素。

一、板型的舒适性

板型舒适性与服装穿着运动舒适性是相辅相成的，它们均是影响运动舒适性的重要因素。20世纪90年代以后，板型舒适性成为国内外许多学者研究的热点，主要是根据服装的穿着场合、使用目的、穿着季节等情况，侧重于通过对结构板型的优化来满足服装穿着者运动舒适性的需求。

有专家对衣袖的造型、口袋的造型及位置、服装的开口等进行了有效的优化分析和研究。有专家从防护服内部结构与整体结构的优化设计方面，探讨了服装板型设计对着装舒适性的影响，同时提出了防护服装板型设计的新概念。也有专家对不同风格的袖山高与袖子运动舒适性的关系进行了测试与分析研究，认为袖山高越低，运动舒适性越好，合体美观性越差，并且袖子的运动舒适性与合体美观性成反向线性相关关系。由吴经熊等专家所著的《服装袖型设计的原理与技巧》一书对服装肩袖部的舒适性做了较为详细的叙述。还有专家对女子裤装板型结构及裤子穿着舒适性和美观性的影响因子进行了探讨和总结，并创建了影响女裤板型的因子模型。更有专家对腿部的运动形式和下装控制部位放松量分配的关系做了研究，提出了更加合理的裤子放松量分配的方式。还有专家研究了裤装裆部结构变化，说明不同的裆部设计对人体穿着舒适性的影响。目前的服装板型研究主要是针对纺织服装的板型研究，在优化服装结构、增加运动舒适度等方面已有不少成果。

一般服装板型舒适性的研究方法可以从板型数据测量与穿着评价两方面进行研究。

1. 板型数据测量

针对服装板型舒适性研究，首先需要确定所用的号型标准，再确定研究部位与该部位试验的不同放松量。试验部位应为制图的关键控制部位，如肩袖部、胸腰部、腰臀部、肘部、膝部等。确定各部位的结构参数后，绘制不同结构数据的纸样，在纸样基础上多次测量数据并记录数据，之后进行数据对比分析，总结试验部位的数据变化规律。确定放松量时，应从人体工学的角度出发，考虑人体各种屈伸活动的姿势，保证各个部位的最小放松量为可以人体正常运动时所需的服装运动变形量。

2. 板型舒适性的评价

使用试验板型数据制作的成衣，通过运动舒适性的评价方式进行评价。成衣制作完成后，让受试者着装完成规定动作，并对穿着服装时的舒适度进行评价。主观评价以受试者的心理满足感为评价标准，无法建立可进行重复试验的参数依据，从而导致主观评价的结果不具有普遍适用性。为使试验结果具有一定的可参考性和可重复性，进行与之相关的参数化数据测量非常有必要。现阶段，所采用的数据测量试验主要是以人体的心跳次数、血压值、身体温度等作为评判依据，之后将主客观试验结果相结合得出最终结论。因此，需要将受试者的着装主观评价与着装动态服装压数据结合，用主观评价与服装压数据交互分析，最终获得服装着装舒适性的综合评价。

例如，针对肩袖部位动态运动状态与相关结构参数的研究，需要我们测量服装纸样袖窿弧的长度、袖山弧的长度、袖肥、不同袖山高的数据，分析其之间的关系。如果是腰部位运动状态与结构参数的研究，则应记录不同袖山高的服装在不同运动状态下的主观舒适性评价，分析其对服装着装舒适性的影响，运用主观评价的方法，分析人体穿着不同腰部服装放松量状态下腰部与服装放松量之间的运动舒适性的关系。

二、胸部造型结构优化设计

（一）人体胸、背构造与服装

手臂向前运动，从背部到后肋部产生牵引而引起不适，是因为关节运动使背部扩张，而衣服背宽不足。在衣服宽松的情况下，这种牵引会减少或者消失；如果衣服紧身，这种不适必然会发生。也就是说，人体胸部一缩小，就会引起背部的对抗性扩张，因为臂根部有了移动。臂根部的移动与袖窿位置朝向及形状有关，这也是缩袖的根本。通常，在制作衣服时，仅表示胸宽线和背宽线，上限为前衣片的肩部范围，下限为前腋底和后腋底的水平线。胸宽线大致为第三肋骨和胸骨连接的部位，背宽线大致为第五胸椎的部位。

背宽的扩张是由胸锁关节及肩关节运动引起的，大致有以下三种情况：

（1）仅以胸锁关节为支点运动而不伴随肩关节运动，上肢下垂，肩位置向前移动，产生背部扩张。

（2）仅肩关节运动，下垂的上肢向前水平方向上提，产生以后腋部分为中心的背部扩张。

（3）胸锁关节、肩关节都运动，上肢合拢，向前上方上举，产生最大的背部扩张。

前两种是较轻度的偏移，第三种可达最大的偏移。

背部扩张是与上肢运动连成一体的，在考虑衣服的运动功能时，必须综合考虑袖子和背宽两个方面。

（二）胸、背部肌肉与服装

与衣服背部有关的肌肉有斜方肌中部、背阔肌停止部、大菱形肌的一部分、棘下肌、大圆肌、肩胛部、后腋部等。肩胛部的厚度形成了背部的突出。后腋部是衣服背宽的下限位置，是袖窿理论形态的一个基准点，是设置乳高线的基点，也是臂部运动偏移的标志。

与衣服胸部有关的是胸肌、乳房和前腋部。与复杂而呈复曲面的背部肌肉不同，胸部比较平坦。除了上肢上举而前腋部偏移外，在衣服的设计上没有什么特别。女性胸部的凸出十分明显，但比起背部要好处理。男子服装的背部难以贴合，缺点容易暴露，因此重点在背部的合体性；女装的重点在胸部的合体性，主要考虑的是女性乳房的形状、位置。形状可以用高度、宽度、朝向来描述，但要做到精确比较困难。乳房大致位于沿着胸大肌后部靠前腋的下缘位置，基底部在第2、第3肋骨至第6、第7肋骨之间，乳头在第4肋骨至第5肋骨之间。

由于皮肤的特性及内部支持体，乳房跟随上肢的上举程度向上方移动较容易，向下较难。在考虑文胸的设计、覆盖面积、省道大小、由结构线形成的曲面等问题时，必须把握乳房的形状。前腋部位于衣服胸幅的下限，在服装设计中，是与后腋部相对应的部位。前腋部和前腋点都是袖窿理论形成的重要位置。

（三）胸、背部形态与服装

人体在自然状态下，胸部突出称为鸡胸，背部突出称为凸背，是局部的对抗性形态。鸡胸体型随着胸部的隆起，背部有扁平的倾向，同时头颈部有几分直起，女子因为乳房的关系，视觉上这个隆起更为明显。凸背体型随着背部的隆起，胸部也有扁平的趋向，头颈部有前屈倾向。男子运动员肌肉发达，胸肌也发达，背部呈隆起的形态，也可作为凸背的类型。

反身、弓身体型则以脊柱的曲势及头颈部的位置为基础，伴随胸、背部的变化，表现出全身性的对抗性形态。同样是胸部、背部隆起，但关系到颈根、手臂根的移动，对衣服影响很大。反身体型前面伸长，后面缩短，胸部隆起，手臂根后退，使得胸幅变宽，背幅变窄。纵横两个方向都要变化，需要综合的宽度。弓身体型与反身体型具有完全相反的变化倾向。脊柱曲势增加、头颈部前屈，后面伸长，前面缩短，背部隆起，手臂根前移，使背幅拓宽。

鸡胸和凸背体型具有与反身、弓身体型相同的地方，为使衣服合身，在纸样上既要考虑反身和弓身的状况，又要以突出部分为中心，增加长度、面积、曲面，衣服才会更加合体。反身和弓身体型在衣服的领窝处都要进行斜度的变化和前后的移动。胸围线上的袖窿也要进行前后移动。在纸样上，领窝、袖窿要定在适当的位置。

三、肩颈部造型结构优化设计

（一）人体的肩部与服装的肩部

1. 人体肩部构造与服装

很多设计师简单地认为，肩就是一条斜线，其实这是不全面的。肩除了具有斜度和宽度外，还要了解肩的厚度，由这些构成了肩的支撑区域。人体的肩部既能支撑服装，又能增加人体和服装美的效果。肩部的活动很频繁，运动范围很广，即使在静态时，也是复杂的。因此服装的肩部既要满足静态，又要适应动态。服装肩部的设计，就是如何合理地处理这一矛盾的两个方面。

肩处于颈椎和肩峰之间，由锁骨、肩胛骨、胸锁关节和肩锁关节组成。肩部骨骼决定了肩的宽度和厚度。构成人体肩部的骨骼，一部分与颈部的骨骼重复，另一部分是胸廓上部和肩关节。与肩部成形、服装标志有关的骨骼和关节有颈椎、锁骨、肩胛骨、肱骨头、胸廓上部、胸锁关节、肩关节等。第7颈椎的棘突起是领围线、后颈点的标志。锁骨的胸骨端凸出部分与肩前面的贴合有关，但与肩端侧凹面部分关系更为密切。因为位于肩端的肱骨头向前突出，更显得凹陷，即使有肌肉附着，在体表上也形成凹面，使肩部难以贴合。它与肩部的特征和肩线有关。锁骨的胸骨端是胸锁关节，形成了颈窝，是前颈点的标志。肩峰是服装肩端的标志，内侧缘和肩胛棘形成背部最突出的部位，与肩省、肩归拢、背缝线弧度等有关。肱骨头前部与服装前肩曲面化、肩线位置、形状、袖窿前部的跟随性等有关。胸廓上部与上肢区关系很大，影响着肩部形态，与肩线的位置、走向有关。

躯干是人体的主要部分，其形态的变化，直接影响着上衣及裤子的基本造型。不同性别、不同年龄躯干的形态具有很大的差异性。男性肩宽、锁骨弯曲度大，明显隆起于体表；胸廓长而大，乳房不发达；腰背部较女性宽，背部肌肉隆起变化较大，脊柱的弯曲度在3～5cm。男性躯干从肩开始经腰至骶尾部，基本呈一倒置的梯形。

女性肩较窄，锁骨呈"S"形，弯曲度较小，不太显露于体表；胸廓相对较小，且短。青春发育期后，女性胸廓隆起，乳房发育良好；到中年后，渐渐松弛下垂，腰部较狭窄，腹部圆浑宽大，脊柱弯曲度略明显。从后面看，女性躯干从肩经腰至骶尾，呈一正置的梯形。老年人两肩略下降，胸廓外形易于外露，腹部较大，松弛下坠，背部较圆，脊柱弹性减弱，形成老年性驼背。幼儿胸部小于腹部，胸腔阔而短，腹部圆满突出，背部平坦，脊柱生理弯曲度尚未形成。前、后衣片的剪裁是否合体，样式是否美观，与各组的躯干特征有关，应突出其特点进行设计。例如，女性的曲线美，需要以服装设计的手段来突出，对她们的胸、腰、臀的曲线，要在设计中加以利用。又如，中山服的设计，为了适应男性肩宽、斜方肌肥大的特点，后片肩宽需要比前片肩宽大出1cm。

肩部主要由附着的斜方肌和三角肌形成肩部的斜度。对于服装来说，肩的倾斜几乎是由斜方肌的水平部分形成的，肩端的圆度是由三角肌的形状形成的。从形态和功能两方面看，与服装肩部最密切的肌肉是斜方肌和三角肌。由于斜方肌和颈部肌群的连接方式或皮下脂肪的沉积，产生了各种肩形。从颈侧点到肩端点中间位置的肌肤厚，其厚薄是最容易体现性别差、个体差的部位。三角肌前侧部由于锁骨和肱骨头形成的凹坑不可能填满，服装前片的肩部必须进行肩部的复曲面化处理或相应的其他措施。

三角肌外侧部是服装肩端造型的设计基础部位。后侧部比前侧部平缓，在服装的处理上无须像前片一样的工艺，但需要做一些相应的考虑，以使前衣片形成前肩状的贴合，使肩线稳定并防止肩部下塌的现象。

在肩部范围内，皮下脂肪沉积多的部位是大锁骨上窝。这是夹在胸锁乳突肌的后缘和斜方肌前缘、锁骨上边的凹坑地，有下凹形和平面形两类。平面形的领围线较稳定，前肩突出也不明显，肩棱前后面平缓，容易做成合体的肩部。下凹形在锁骨内侧突出明显，肩棱呈马鞍形，领围线下陷，成为难以绱领的领围线。这样的肩型穿平面形服装则不会服帖，特别是硬挺的套装，更会降低穿着舒适感。在第7颈椎棘突起的周围是由于皮下脂肪堆积而成的局部沉积，这里的脂肪随着年龄的增长而增加，而且显示出性别差异。脂肪的增厚对衣服后领围的幅度、形状、后中心的缝合线的弧度都有影响，而且会引起肩部和领围四周面料的变形，产生突出的皱褶和斜向皱褶。

肩部周围的皮肤，以肩棱为界线，前面比后面薄，越到前面越柔软。这就是以胸锁关节为支点的肩部向前可动性的缘由。肩端部分的皮肤比较厚而有紧紧包覆肩端圆头部的感觉。在肩部和上肢运动时，肩端是牵引衣服、压迫集中的部位。肩部周围的皮肤，从整体来讲是容易滑动的，在肩端部的皮肤滑动最大。肩峰或者上肢运动时衣服肩端处吊起，集中了服装的压力。服装肩部运动功能的目标之一是分散服装的压力，皮肤的滑动功能可以成为解决压力集中的一种启示。受压的肩端皮肤，受服装的牵引向颈侧滑动，起到了减少服装压力的作用。

要使服装肩部完全适应于人体肩部的运动，使肩部运动自如，是十分困难的。解决方法有两个：一是将衣服做成完全宽松的样式，包括整个肩部；二是选择适当的材料、设计纸样结构，研究加工方法，经过综合处理，减轻肩端的阻力，以提高服装穿着的功能性。

2. 人体肩部类型与服装纸样

男、女肩部形态大致可以归纳为以下3种类型。

（1）肩宽中部向上隆起：这一类型肌肉发达的男性较多，纸样最难做。在纸样中，前片的肩线，在人体肩部隆起处作曲线化处理；后片的肩线，为对应前片，对人体后面的隆起作曲面化处理（归拢、归拔），但要注意不要太弯曲。

（2）肩宽中部平坦的中性肩型：这是男、女常见的类型。这种肩型的纸样肩线，前、后片均为直线。前片的肩线因人体平坦而不作变动，仅将后片加以轻度归拢，以符合肩胛棘突出。

（3）肩宽中部下凹：这是女性中多见的类型。在纸样上，前、后片的肩线中，稍靠颈侧边，稍向下挖一点，进行曲线化，再在纸样上作曲面化处理，以覆盖人体肩端前面突出。背部的处理，在后片肩线处作较多的归拢，并把前肩线向前推出。

3. 服装肩部的运动功能

从服装的适合性来看，人体肩部运动有两个运动方向与服装的肩部有关系。一个是肩峰处前后方向的运动，另一个是肩峰处上下方向的运动。前后方向和上下方向的运动移动量很大，不引起压迫和牵引而能跟从的只有皮肤。通常，服装是在人体静态时设置适应性的基准。这种对于上下方向肩端的运动是不能完全跟从的，最后会导致服装大幅度吊上去。即使使用伸缩性很大的材料，与皮肤功能还是有本质的区别。肩部运动越大，由于物理上的作用和反作用原理，服装的压迫感越大。要使服装能跟从肩部运动，可以采取将服装的结构、材料性能巧妙组合的对策。例如，在肩端带有空隙量，以使衣服肩端浮起，随着上肢持带的运动，虽然衣服肩端向上吊，但向颈侧方向避开，减小了牵引引起的压力。衣服大身也必须要有空隙量，随着上肢持带的运动，衣身的空隙量在运动方向上的补充，缓和了肩端处的牵引感和压迫感。衣服紧身，肩部难以活动；衣服宽松，因具有跟从性而舒服，就是这个道理。这种对策并不适合连衣裙、大衣等上下连成一体的服装。

肩线造型影响着服装的运动功能。肩线有三种不同造型：第一种，肩线的形状是颈侧点浮起而肩点压紧的直线型。它将受力点集中在肩部，容易使肩部受力过大，使肩头感到压迫感。第二种，肩线的形状则反之，是颈侧点压紧而肩点浮起的直线型。将受力点集中在领口部位，容易造成领口的压力过大。第三种，肩线是曲线型造型，曲线形状按人体肩颈形状设计，适合人体的肩颈部特征，整条肩线均匀受力，是最佳的造型。当肩宽变小，肩斜增大，袖窿深变浅，袖山高增加，着装合体性好时，运动性差；反之，当肩宽变大，肩斜减小，袖窿深变深，袖山高减小，衣服比较宽松时，运动性好。

肩斜的平衡。在肩的结构设计中，宽度和厚度都会改变肩部的受压面积。但是，肩的斜度不仅改变了受压区域的面积，还会影响肩的受压点位置。图4-1-1所示为服装肩部与人体肩部三种接触方式的模式图，它们都是服装肩倾斜的典型。

在肩颈部造型结构优化设计中，会遇到服装肩斜大于人体肩斜的情况。当穿着服装肩斜大于人体肩斜的这类成衣时，从外观上看，服装的前门襟处会出现豁开现象，同时，在领子两侧会出现斜向皱褶，在SP处会受压增加，使着装者产生疲惫感。分析原因，支撑区域由原来的面缩小为一个点，在肩峰SP处支撑，SNP处有浮起的倾向，会严重影响穿着的舒适性。在纸样上，可以通过降低前、后衣片的肩线倾斜角度来修正。当穿着服装肩斜小于人体肩斜的这类成衣时，从外观上看，服装的前门襟处会出现重叠现象，如图4-1-1中B线所示。同时，在两肩端处会出现八字形皱褶。在SNP处会受压增加，衣服的重量和动作的负荷增加会使着装者颈部产生压迫感。分析原因，在颈部SNP处接触时受压最大，在纸样上，可以考虑肩部的活动量，通过适当增加服装肩斜来适应人体肩斜。当服装肩斜等同于人体肩斜时，肩部受力均匀，无论从视觉上还是触觉上分析成衣都呈现最理想的状态，如图4-1-1中C线所示。在SNP至SP之间，靠SNP侧1/3处与肩棱接触。保证肩部受力点均匀分布在肩棱线上，使肩部所受压力大小一致，无压迫感。在纸样上，服装肩斜一定要等同于人体肩斜。

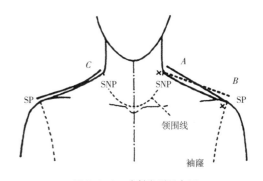

图4-1-1 肩斜类型示意图

（二）颈部与衣领结构

1. 颈部构造与衣领的关系

人的颈项呈上细下粗的圆柱状，从侧面看，颈段脊柱略前倾。男性颈较粗壮，喉结位置较低，颈长相当于头长的三分之一；女性颈项较细，喉结位置较高而平坦；老人颈部脂肪减少，皮肤松弛；幼儿颈部细且短，喉结发育不全，不见外露。颈部这些特点是服装设计者不可忽视的。

裁剪衣领时，要根据颈部的形状和倾斜情况，以确定衣服前、后领窝的弧线和弯曲度；还要根据具体对象的颈项长短、粗细，来确定领高和领大。由于颈项部位上下粗细不同，衣领上下口应取不同尺寸。男装衣领一般在喉结偏下，呈倾斜状。由于衣领处于最上端，是人们视线比较集中的部位，它对于穿着是否舒适、美观影响极大。如果设计或裁剪不得当，容易造成领口周围隆起、吊紧、不贴身。衣领裁剪参数如表4-1-1所示。

表4-1-1　衣领尺寸参数　　　　　　　　　　　单位：cm

领大	前领深	前领宽	后领宽	说　明
33.0	6.6	6.3	6.9	
34.5	6.9	6.6	7.2	前领深按领大尺寸1/5
36.0	7.2	6.9	7.5	前领宽按领大尺寸1/5-0.3
37.5	7.5	7.2	7.8	后领宽按领大尺寸1/5+0.3
39.0	7.8	7.5	8.1	

领子的功能有保暖、防寒、防风、防水、防尘、气密等。与颈部有关的服装造型，主要有领围线、领子和领口。

头部的支柱是颈椎，颈椎由7块椎骨组成。颈椎被沿脊柱、纵走向的脊肌及其他肌肉深深包围，体表接触不到，只有第7颈椎棘突可以从体表看到，是领围线中心标志BNP点的位置。胸骨和锁骨的内侧端连接形成胸锁关节，形成了一个拇指大小的颈窝，掠过颈窝的锁骨上端和正中线的交点就是领围线前中心标志FNP点。在锁骨内侧1/2处，形成弧度而向前突出，其突出程度与领口、领围的穿着稳定性有关。

颈部肌肉也影响着服装造型。颈部肌肉除了最外表的颈阔肌外，还有外侧的斜方肌和胸锁乳突肌。其中斜方肌和胸锁乳突肌与领子的构造关系最深，颈阔肌在服装中的作用不大，但是它与颈部表情关系密切。如牙关咬紧或紧张，一下子会使颈根部的形态如帐篷般张开，直接影响到领子和领围线。斜方肌是服装的领子和肩部构造必须注意的肌肉，它的下行部成为领围线、领子的对象，下行部与水平部连接，形成的山脚坡状部分成为领子不安定的原因之一。斜方肌下行部的前缘和领围线的交点，就是颈侧标志SNP点。

皮下脂肪的沉积，除了颈部的粗细增加之外，也使从颈侧部到前颈部由胸锁乳突肌、胸骨、锁骨所形成的三角窝得到了填充，使颈根周围的凹凸减少。适量的脂肪沉积会使领围线翘曲减少，领子安定度增加。

由颈部构造可知，后领围线部分皮肤变动少，安定性高；前领围线部分皮肤变动大，安定性差。因此，不管设计什么造型的领子，都先以后部为根基，再考虑前颈部动作的影响。实际上，前颈部的设计区已为大家所公认，几乎所有领子的形状都在前颈部做变化。

2. 颈部运动与衣领的功能

如本书第二章中图2-2-18所示，颈部的运动与头一起，有颈部前屈、颈部后伸、颈部侧屈、颈部外旋等6种运动，再加上这些运动的复合，颈部具有相当宽广的运动领域。因此，普通领子对运动是种障碍。领子从装饰或功能上来说是必要的。

从颈椎的变化看，前屈运动和外旋运动中，颈部运动的轴心是颈椎的寰椎，即第1颈椎。颈部运动的主作用肌——胸锁乳突肌的停止点因位于寰椎的后头关节左右轴的后面，所以运动量大的部位是前颈部分。这是颈部运动功能性的基本考虑项目。

从皮肤构造也可看出颈部的基本运动。人体的皮肤，从背侧到腹侧逐渐变薄，除手足以外的四肢，内侧部分要比外侧部分薄。在手、腿根部，尾侧也比头侧（直立时，从上方到下方腋下或者臀下）薄。手臂根部、大腿根部的可动部位，与皮下结缔组织相连接，形成柔软而薄的构造。颈部的皮肤也有这个倾向，后颈部较厚，从斜方肌到胸锁乳突肌逐渐变薄，到咽头部最薄、最柔软。从皮肤构造可知，颈部前屈方向适应性为最高。

挡住咽头部的领子如高立领最不适当，但它适合于限制颈部的运动、抑制身体摇动、提高全身紧绷感的服装和军装等。常用的领子为前面平坦的领子，无论从颈部前屈的运动特性看，还是从不妨碍颈部主作用肌的前面动作的角度看，既美观又实用。翻驳领类前面为平坦的领子，是装饰性与运动功能性良好的领型。衬衫领的前面并不是平面的构造，但穿着时，由于前面的开放，能够减轻颈部的接触。

颈部运动时，颈部周围服装的稳定性十分重要。服装的肩和人体的肩的配合影响领窝的稳定性。为避开肩端部运动的影响，领窝的合适位置应设计在变动少的BNP～SNP区域和避开锁骨上的三角肌、斜方肌附着部分的位置范围内。

四、下肢部静动态特征及下装结构优化

（一）下肢部的形态特征

服装松量设计包含了松量加放与松量分配两部分的内容，都与人体的动态特征有着密不可分的关系。松量加放，主要指为保证人体生理、体型、运动以及服装风格等必须加放的余量；松量分配，主要指在人体不同部位设置加放的量。

人体下装的松量设计主要针对腰围与臀围，重点要考虑人体臀部与下肢的活动，如直立、坐椅、席地而坐、正常行走、上下楼梯等。不同动作会对腰部与臀部围度的增加有不同的影响，应设置必要的松量。例如，在裙子松量设计过程中，为了舒适，正坐时腰围需要增加约1.5cm，臀围增加约2.5cm；席地而坐前屈时，腰围增加约3cm，臀围增加约4cm。因此3cm、4cm分别为腰围与臀围松量设计中最基本的量。针对具体款式，考虑到其舒适性，臀围松量一般会比4cm大。但是对于腰围来说，松量过大会影响腰部的外观美观，考虑人呼吸、进餐前后腰围有1.5cm左右的差异，而生理上2cm的压迫对身体无不良影响，因此腰围松量一般取0～2cm。裙摆宽的设计也与运动特征相关，一般情况下，普通步行裙摆必须

增加臀围尺寸的10%，上下楼梯则必须增加臀围尺寸的20%。当款式需要无法达到所需裙摆量时，则必须考虑做开口处理，裙摆的最小量甚至可以比（臀围/2+2）小12cm左右。

1. 下肢运动

下肢骨分为下肢带骨和自由下肢骨。下肢带骨即髋骨，自由下肢骨包括股骨、髌骨、胫骨、腓骨及7块跗骨、5块跖骨和14块趾骨。在下肢运动时，与裤装有密切联系的主要有股关节、膝关节。

股关节是多轴性关节，股骨头是3/4程度的球体。以股骨头为中心，腿部形成多轴方向运动，如腿的前后运动、腿部内收和外展运动、腿部内外旋转运动等。它的屈伸直接影响裤装对大腿内侧到腰部之间的牵引和压迫。腿部的前后运动、收展运动和旋转运动直接影响裤装对大腿内侧到腰部之间的牵引和压迫。

膝关节由股骨内、外侧髁和胫骨内、外侧髁以及髌骨构成，为单轴性关节，只能做单方向的弯曲运动。这一运动直接影响裤子膝部的牵引和压迫。

人体各部位的运动与服装的关系如表4-1-2所示。

另外，人体在行走时，动作幅度将影响两足之间的距离，以及腿部、膝部的围长，这一动态直接影响到裙子的裙摆量。女性正常行走时的步态及其影响如表4-1-3所示。

表4-1-2　人体各部位的运动与服装的关系

关节运动	对抗部位	与服装的关系
胸腰部脊柱的弯曲	背部—胸腹部	后面压迫和前面腋部、臀底部的牵引
股关节的屈曲	臀部—下腹部	大腿内侧到腰部之间的牵引和压迫
膝关节的屈曲	膝盖部—腘窝部（后）	裤子膝部的牵引和压迫
肩关节的屈曲	背部—胸部	袖窿后腋部的压迫和前腋部的牵引
肘关节的屈曲	肘头部—肘窝部	袖肘部的压迫
颈椎的前屈	后颈部—前颈部	领的有无、高低、松紧程度

表4-1-3　女性正常行走时的动作幅度及影响服装部位　　　　单位：cm

动作	距离	两膝围长	影响裙装部位
一般步行	65（两足之间）	80～109	裙摆量
大步行走	73（两足之间）	90～112	裙摆量
一般登高	20（足至地面）	98～114	裙摆量
一步两层台阶登高	40（足至地面）	126～128	裙摆量

2. 人体运动形成的皮肤伸缩

在人体运动过程中，皮肤具有很强的跟随性。这不仅仅是由于皮肤的伸缩性，还因为皮肤与皮下组织之间在运动时产生了滑移，缓和了人体运动对肢体牵引的力度，从而使皮肤更好地参与人体的运动。

具有弹性的皮肤以某种程度的伸长状态而覆盖于体表之上，各个部位都有大小不同的皱纹。一种是皮肤组织结构自然形成的皱纹，另一种则是日常生活中反复的动作导致的皱纹。由皱纹的状态和大小可以看出服装的形变情况。

服装人体工效学通过皮肤割线和皮野来研究服装的舒适设计。皮肤割线构成皮肤的纤维方向，相当于织物的经向；皮野是皮肤凹凸形成的皮肤整体。皮肤的拉伸一般与皮肤割线方向垂直，正因为有频繁的反复拉伸才沿皮肤割线方向形成了皱纹。组织形成的皱纹与动作积蓄形成的皱纹相互重叠，使皱纹越发明显，也清楚地显示着伸展方向。

人体下半身可看到臀沟内侧伸展线，由大臀部到臀沟，至大腿内侧，再到膝盖，这一伸展方向是提高裤子运动功能的主要路线，也是裤子最重要的功能部位——裆部。后正中线与腰围线的交点，是上下半身的基点。该点皮肤不滑移，因此对服装人体测量来说是最好的基点。

将人体这些运动功能转化到纸样时，最重要的是要知道增加运动量的方向。在服装方面，在需要一定运动量的同时，还需要考虑服装合理的滑移。

（二）下装结构优化

裤子的造型直接与腰、骨盆和下肢的形态、活动、体姿有关。主要是以髋关节、膝关节的活动为主，看裤子是否能影响它们的活动，这是设计者首先考虑的问题。

人在采取坐位、蹲位或行走等姿势时，膝部明显突出。

男性骨盆高而窄，臀部脂肪较少，臀的围度小于肩的围度，膝部较窄，两腿并拢时，内侧可有空隙。女性骨盆低而宽，臀部的脂肪丰满，宽大并向两侧突出，臀围大于肩围，大腿脂肪发达，前后径大，两腿并拢内侧不见缝隙，膝横径宽，骨盆与男性比较不明显。老年人关节肌肉萎缩，上述特点有所变化。幼儿关节特点外表圆浑，骨突不明显。裁制裤子时，必须考虑上述不同类型人体的特点。例如，裤子前后裆弯宽和直裆的尺度是由人体臀部的厚度和深度决定的，它对裤子是否合体、舒适有直接影响。裤子前后裆弯宽过宽，周围起空；过窄，两臀部绷紧。直裆过深，形成吊裆，既不美观，又影响人的活动功能；直裆过浅，腹股沟绷得过紧，也将妨碍人的蹲起。

我国常用的裤子设计的计算方法如下：

后裤片大裆宽 =1/10 半臀围 +3.0cm

前裤片小裆宽 =1/10 半臀围 −1.0cm

直裆深 =1/10 臀围 +1/10 裤长 +6.0cm

第二节　特体服装舒适性板型设计

特殊体型是指由于环境、年龄、职业、生活习惯等因素或先天遗传的影响，使得身体某部分发生不同于正常体的变化。目前市场上的绝大多数成衣都是根据国家号型标准，即标准体型设计的，即使个别特体成衣，也仅仅考虑了体型围度大小的变化。因此，研究特殊体型特征及其服装结构的补正，对于提高特殊人群服装适体性有着重要的现实意义。

一、影响上装设计的特殊体型分析

人体肩部、胸部、背部、腹部结构直接影响上衣的结构设计，在衣长较长的款式中，臀部造型也对结构有很大影响。常见的影响上装设计的特殊体型主要有平肩、溜肩、高低肩、高肩胛骨、挺胸、平胸驼背、平背、凸肚、凸臀等。表征肩部形态最重要的指标是肩斜角度，一般女性正常肩斜角度为19°~22°。肩斜角度大于22°，两肩微塌，称为斜肩或溜肩；肩斜角度小于19°的称为平肩，如图4-2-1所示。平肩体穿着正常体型或较贴体、贴体服装时，两肩端平，呈T字形，肩端部位拉紧，肩缝靠近侧颈点处起空，止口豁开，袖子前后都有涟形，后身背部有横向皱褶。溜肩体则正好与平肩体相反，穿上正常体型的服装后，外肩缝会起空，外肩头下垂，袖窿处出现明显斜褶。还有些特殊体型，如左右两肩高低不一，一肩正常，另一肩低落，称为高低肩，穿上正常体型的服装后，低肩的下部会出现皱褶。

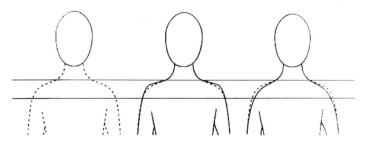

图4-2-1 肩部造型

人体躯干上部的特殊体型主要表现为挺胸、驼背、凸肚以及凸臀等，如图4-2-2所示。挺胸体的人体胸部前挺，饱满突出，后背平坦，头部略往后仰，前胸宽，后背窄，穿上正常体型的服装后，前胸绷紧，前衣片显短，后衣片显长，前身起吊，搅止口。驼背体型人体背部突出且宽，头部略前倾，前胸则

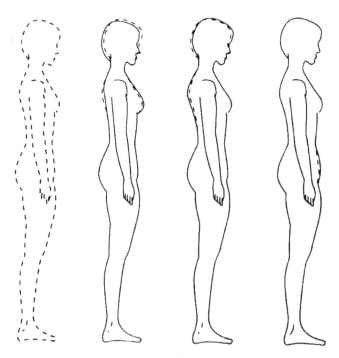

图4-2-2 胸、背、腹部造型

较平且窄，穿上正常体型的服装后，前长后短，后片绷紧起吊。凸肚体腹部明显，穿上正常体型的服装后，前短后长，腹部紧绷，摆缝处起涟形。凸臀体臀部丰满凸出，穿上正常体型的服装后，臀部绷紧，下摆前长后短，衣服下部向腰部上缩，后背下半段吊起。

二、影响下装设计的特殊体型分析

臀部、腿部与腹部是影响下装设计的主要部位。

如图4-2-3所示，平臀体型臀部平坦，穿上正常体型的西裤后，会出现后缝过长并下坠的现象。凸臀体与其相反，臀部丰满凸出，腰部中心轴倾斜，穿上正常体型的西裤，臀部绷紧，后裆宽卡紧。落臀体臀部丰满，位置偏低，穿上正常体型的西裤后，后腰中缝下落，后腰省不平服，出现横向涟形，后臀部过于宽松，出现多余褶皱。凸肚体型腹部突出，臀部并不显著突出，腰部的中心轴向后倒，穿上正常体型的西裤，会使腹部绷紧，腰口线下坠，侧缝袋勒紧。

腿部的特殊体型较为常见的是O型腿和X型腿，如图4-2-4所示。O型腿又称罗圈腿、内撇脚，其特征是臀下弧线至脚跟呈现两膝盖向外弯，两脚向内偏的形态，下裆内侧呈椭圆形，穿上正常体型的西裤后，会出现侧缝线显短而向上吊起，下裆缝显长而起皱，并形成烫迹线向外侧偏等现象。X型腿或称八字腿、豁脚，其特征是臀下弧线至两膝盖向内并齐，立正以后在膝盖部位靠拢，而两踝骨并不拢，两小腿向外撇，呈八字形，穿上正常体型的西裤后，会使下裆缝因显短而向上吊起，侧缝线则因显长而起皱，裤烫迹线向内侧偏。

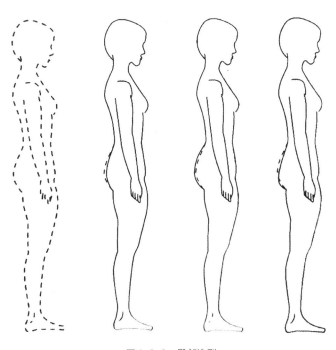

图4-2-3　臀部造型

三、服装结构补正

如果可以弄清特殊体型相对于正常体型特殊的地方，就可以有针对性地在结构

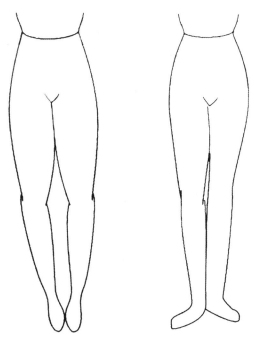

图4-2-4　腿部特殊体型

设计中加以注意，或对正常体型服装结构进行补正修改。简单地说，结构的补正主要是在判断的基础上进行的，如挺胸凸肚体穿着正常体型的服装会前长偏短，需要对长度做增长处理。体胖者的服装做肥些，体瘦者的服装做紧些，凸起的部位做鼓些，凹陷的部位做凹些，易动的部位做宽松些，稳定的部位做紧凑些。

下面以平肩、驼背、X型腿、O型腿等几类特殊体型为例，论述服装结构补正的基本方法与过程。溜肩、高低肩等肩部特殊体型可参照平肩的处理方法；挺胸、凸肚体或其他复合特殊体型等可参照驼背体型的处理过程，对前长进行加长；凸臀、平臀、凸腹等特殊体型可参照臀高型与臀低型裤子后中线翘度变化这一结构设计原理，分别对后长、前长等进行补正处理。

（一）平肩体型的服装结构补正

平肩体型穿着正常服装后出现的问题主要是由衣片的肩斜度与人体实际肩斜角度不一致造成的。因此，在进行结构补正时，首先要测量肩缝与上平线的夹角 α，得知平肩的程度，如图4-2-5所示。然后如图4-2-6所示，将肩缝改平以适合平肩体型，同时下落领圈，直开领长度不变，后直开领适度下落，待后领脚涌起的毛病消除为止。前片外肩缝拔开，使肩骨不顶住衣片。最后在贴边长度允许的前提下加长下摆，以达到原来的长度。另外，对于平肩体型来说，使用垫肩时宜选用薄的，如原来1.5cm的垫肩，可改为0.8cm，以适应平肩体型。

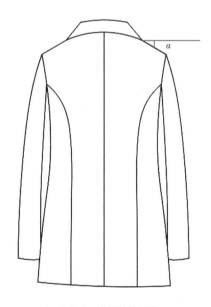

图4-2-5 肩部特殊程度

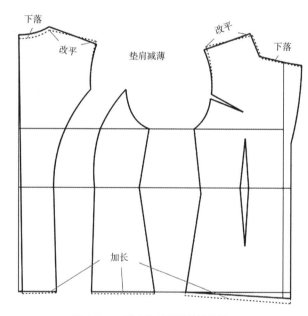

图4-2-6 平肩体型的服装结构补正

（二）驼背体型的服装结构补正

驼背体型较正常体型背部较宽，后腰节长，袖窿前移。因此，在补正时要根据这一基本原则。将后颈点、后侧颈点上移，加长后腰节，如图4-2-7所示。同时由于驼背体除脊柱弯曲外，一般伴有肩骨突出，因此放出肩缝，归缩成弧状，严重时可收肩省。对已完成的成衣来说，缝份较少，肩部不可能有很

多的加放空间，因此，可以开落袖窿线，增长
后袖窿的深度，并将腰节线处同步下移，后片
下摆处相应放出，同时归拢腋下部位，使弯曲
的驼背较为舒适。由于后肩部位较肥，因此放
出大袖片的后袖山弧线，小袖片同时也放出，
使抬手运动时更加方便。

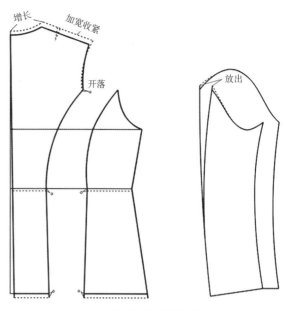

图4-2-7　驼背体型的服装结构补正

（三）腿部特殊体型的服装结构补正

　　O型腿体型穿着正常体型西裤时，最主要
的是侧缝下段呈斜向涟形，前烫迹线不能对准
鞋尖，脚口不平服，向外荡开。处理时，在髋
骨位置将纸样做横向剪切，固定内缝线上的点，
将下段旋转展开，确定新的烫迹线，如图4-2-8
所示。X型腿与O型腿正好相反，脚口向里荡
开，裤内缝线长度不足，因此，在髋骨位置将
纸样做横向剪切，固定侧缝线上的点，将下段旋转展开，确定新的烫迹线，如图4-2-9所示。

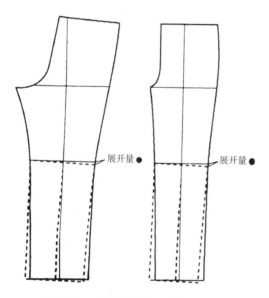

图4-2-8　O型腿的服装结构补正

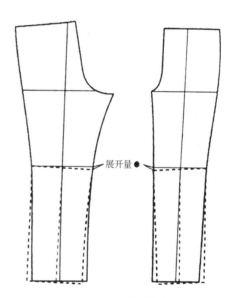

图4-2-9　X型腿的服装结构补正

　　体型特殊部位不同，服装款式不同，服装结构的补正方法也有所不同，须结合具体情况。仔细判
断、分析，确定补正的具体部位与用量，以使制成的服装适合特殊的人体。

第三节 上装口袋位置角度造型结构优化设计

服装人体工效学研究表明，人体—服装—环境这一有机的整体相互影响与制约，其作用构成了基本要素。服装口袋是人体服装的要素之一，附着在服装明显的位置。口袋在服装上的用途和作用是可以插手、放置物品、保暖，并给人在心理上带来安全感。

通过实验后对比，总结出口袋的真正最佳位置，以及对服装舒适性、合体性、装饰性等各性能的影响。研究几款最具代表性的袋型并分别进行工艺缝纫制作。以舒适性、合体性、功能性、装饰性为因素研究挖袋、贴袋、插袋的袋型变化对口袋性能的影响以及各性能之间的联系。研究设计口袋满足不同人体对服装造型的需求，并为其在心理上带来安全感。选择不同袋型的口袋，以提高服装的舒适性、合体性与装饰性。经查阅资料发现，国内外对服装的舒适性与合体性相关的课题研究较少，因此本节对服装衣袋合体性设计进行了大量的实验探索。

一、上装口袋位置的设定

（一）实验方法

实验1：寻找服装口袋的最佳位置，研究口袋的位置与袋口、袋宽、袋深、倾斜程度等因素的关系，做出性能评价。

实验2：取口袋最佳位置，制作挖袋、贴袋、插袋三种类型的口袋，进行人体试穿，用特定数值对口袋舒适性、装饰性、合体性、功能性进行评价。

（二）口袋的结构设计

实验选择的贴袋方式都是以竖直贴袋来确定口袋的最佳位置，这样能更好地研究口袋的位置、方向以及角度的合理性，从而更准确地对服装性能进行判断。本实验采用的口袋深度为16cm、宽度为14cm，确定其位置在腰节线下8cm与胸宽线2.5cm平行线的交汇处，口袋一般都以胸宽线为基准。

（三）口袋制作

从服装研究的角度来观察人体，人体是服装造型的依据。服装各部位与人体相应部位的具体尺寸关系，对于服装的性能来说至关重要。而确定上述关系的前提就是对人体与服装成品的科学测量。本实验研究口袋的最佳位置与造型之间的关系，是为了制作方便而且方便试穿，实验采用无领、无袖的简单长款，衣长选择72cm。

（四）模特试穿与评估评价

本实验选择162cm左右身高的在校女大学生模特试穿样衣，试穿模特共5人，身高体型差不多，进行人体相关数据测量。

二、上装口袋位置的设计分析

（一）口袋最佳位置受各种因素影响分析

实验1研究了口袋最佳位置与袋口、袋度、袋深、倾斜程度等因素的关系，以及此因素与舒适性、装饰性、合体性、功能性的关系。为了在试衣时对相应位置的主观感觉和客观感觉有更加准确的对比性，选择制作5组不同袋宽、不同袋深、不同倾斜程度、不同袋口角度的服装，采用工艺室缝纫机缝制。选择5名试穿者对这些不同类型口袋的服装分别进行试穿，总共进行了25组试穿实验。

按表4-3-1所示数据制作出来的具有不同女装口袋的服装进行25组的模特试穿，可得出评价人员对女装口袋最佳位置的专业性评价。最终得出结论，女装口袋的最佳位置受到袋口、袋宽、袋深、倾斜程度的影响。根据表4-3-2所示，对袋口的评价值有4个1，1个0，所以对袋口的要求相对来说更稳定。对口袋宽度评价值为正值的是宽度为14cm、深度为16cm，倾斜程度为90°。最终可以得出结论：袋宽为14cm、袋深为16cm、倾斜程度为90°的口袋对测试者最舒适，符合人体工效学。

表4-3-1　口袋最佳位置影响因素

编号	袋口	袋宽（cm）	袋深（cm）	倾斜程度（°）
1		12	14	70
2		13	15	80
3		14	16	90
4		15	17	100
5		16	18	110

表4-3-2　口袋评价

编号	袋口	袋宽	袋深	倾斜程度
1	1	0	0	−1
2	0	−1	−1	−1
3	1	1	1	1
4	1	0	−1	0
5	1	−1	0	0

（二）挖袋、贴袋、插袋袋型与服装性能的关系分析

实验2是在实验1的基础上探讨不同袋型对舒适性、装饰性、功能性、合体性的影响。根据实验1的结果得出，口袋的最佳位置是在胸宽线向前中线0～2.5cm处，下面进一步探讨实验2的操作。

此实验一共选择贴袋、插袋、挖袋三种口袋类型进行工艺缝制，每种口袋类型分别制作5个进行对比，然后进行试穿，模特试穿后做出对服装性能的评价。

表4-3-3   不同袋型对舒适性、装饰性、功能性、合体性的影响

性能	贴袋	插袋	挖袋
舒适性	5	5	4
装饰性	1	4	4
功能性	1	6	5
合体性	3	3	4

表4-3-3所示为评价值结果，分别从舒适性、装饰性、功能性、合体性方面对贴袋、插袋、挖袋进行分析。贴袋的舒适性值达到5，功能性和装饰性相对落后，贴袋的设计对服装整体风格和艺术品质有较大影响，在整体服装设计中实用性品质也有较大影响，实用性居主导地位。插袋的舒适值达到5，功能性值为6，装饰性与合体性相对降低，因为插袋是留出袋口的隐蔽性口袋。从评价值进行专业分析讨论，插袋类口袋在装饰上美观性降低，但是却保留口袋的实用性和舒适性，插袋类口袋在放置物品时在心理上给人带来安全感，所以功能性最强。挖袋的功能性值达到5，挖袋种类甚多，因此在装饰上占有一定的比例，挖袋工艺的要求相对来说比较高，特别是袋口的两端开袋时要剪成三角，其深浅要恰到好处，这需要工人经过多次实践后才能做到。

由此可见，口袋最佳位置受到袋口、袋宽、袋深、倾斜程度等因素的影响，经实验与评价分析得到女装口袋的最佳位置位于胸宽线向前中线0～2.5cm处。

以实验为基础，口袋中的贴袋、插袋、挖袋等各种口袋类型与服装各性能存在着相互联系、相互制约的关系，所以对服装的舒适性、装饰性、功能性、合体性具有影响，每款口袋都有一定的性能上的强弱优缺，我们应该取长补短，进而打造出符合人体需要的口袋。

第四节   休闲裤口袋设计

在生活方式影响着装潮流的背景下，休闲裤的设计与发展成为一种全新的需求。如今，休闲裤的设计与生产逐步向时尚化和多元化的趋势发展，设计师把设计重心聚焦在细节设计的优化与创新上。而在休闲裤的细节设计中，口袋作为休闲裤的主要组成部件之一，不仅要实现最基本的实用功能，还需要通过对其设计要点和设计方法的分析，深化对口袋设计的认知，优化休闲裤的细节设计，拓展设计师的设计空间。

一、休闲裤口袋的分类和特点

口袋，指以服用材料或非服用材料缝制在服装上，用以存放物品的兜状部件。由于休闲裤具有使人放松的着装特点，其口袋的位置与造型变化多种多样，根据口袋的工艺技术和结构特征，可以将休闲裤的口袋分为贴袋、挖袋、插袋和复合袋四种类型。

（一）贴袋及其特点

贴袋，又称为明袋，指将布料裁剪成规则形状或不规则形状，直接缝贴在休闲男裤主体上的袋型。贴袋作为兼备装饰效果与实用性能的主要附属部件，极大程度地丰富了休闲裤外部造型的层次感。在休闲裤的设计中，贴袋按照贴装形式，分为平面贴袋和立体贴袋，这两种贴袋可以有袋盖，也可以无袋盖。平面贴袋由于只有袋身，因此平贴于裤体上。立体贴袋主要由袋身和袋墙组成，它的立体形态和体积感可以靠增加袋墙的厚度或扩大口袋底部的面积实现。

（二）挖袋及其特点

挖袋，指根据休闲裤的设计要求，结合人体和手掌的比例，计算出合理且美观的开口尺寸，在休闲裤裤体上裁剪出袋口，裤体内装袋布的袋型。挖袋内袋置于裤体内，外露的仅为袋口部位，具有隐秘的特点。挖袋可以按照袋嵌线的数量分为单嵌线挖袋和双嵌线挖袋。由于挖袋的袋身隐藏于裤体内，从视觉的角度而言，对工艺的要求比较高，需要裤体表面呈现出平整光洁的视觉效果。从着装的角度而言，内袋直接接触皮肤，所以还需考虑材料的舒适性。从功能的角度而言，挖袋的隐蔽性使其常常位于休闲男裤的前片部位，且用于存放贵重物品，或符合人体的动态特征，形成人们休闲状态时的"落手点"。

（三）插袋及其特点

插袋，指借助裤体裁片分割线或裤体裁片拼接缝制作而成的袋型。插袋一般位于裤体的前片，除了具有实用性外，还具有符合人体插手动态的舒适性。此外，由于插袋位于分割线或拼接缝上，袋口常常与裤体结构融合为一体，因此相比于挖袋，更具隐蔽性。休闲裤的插袋还可以按照袋口的倾斜程度分为斜插袋和直插袋。斜插袋袋口在裤体上呈倾斜状态，可以利用休闲男裤丰富的装饰性分割线作为插袋口。在休闲男裤中，最常见的斜插袋形式是袋口以裤腰为起点，倾斜着向裤体侧缝延伸，形成斜插口。而直插袋通常是利用裤体前片与后片的裁片拼缝结构处进行隐形设计，与休闲裤的侧缝结构合二为一。

（四）复合袋及其特点

复合袋，指将贴袋、挖袋和插袋这几种袋型在裤体的一个部位组合使用的口袋。首先，复合袋可以是不同袋型的结合体，如在休闲裤中，考虑到其休闲性，可以在裤体的侧部或后部的立体贴袋外部增加挖袋，形成贴袋与挖袋组合的复合袋型，挖袋袋口用拉链装饰，不仅能增加口袋的容积量，也能丰富袋体的设计趣味。其次，在现代的休闲裤设计中，复合袋也可以是同类型的袋型结合体，如在具有实用功能的大容量平面贴袋上加上装饰性强的小容积立体贴袋。在休闲裤中，复合袋的设计运用相当广泛，因为综合搭配的袋型更容易增加口袋的创意性。但是，只有将合适的袋型组合使用到裤体的合理位置，才能充分体现复合袋在休闲裤中的设计目的，体现出细节突出、整体美观的设计内涵。

二、休闲裤口袋的设计要点

口袋不仅是休闲裤结构中必不可少的功能部件，也是休闲裤的重要装饰部件。从口袋的造型、细节和面料等方面加强对休闲裤口袋设计要点的把握，可以使口袋的视觉效果更佳，同时增加设计的审美情趣。

（一）休闲裤口袋的造型设计要点

在口袋的整体造型方面，休闲男裤要通过口袋造型的变化增加其附加价值。休闲裤的口袋外部造型多呈纵向方形，根据使用位置的不同，可增加或缩短方形造型的长宽比例。休闲裤的口袋造型也可以进行立体造型设计，通过袋体面料抽缩、堆积、打褶等造型手法实现。在口袋的局部造型方面，可以从袋角和袋盖等方面的变化进行考虑。例如，口袋袋角方形或圆弧形边缘造型的变化，可以带来不同的局部视觉感受；袋盖造型中的三角形、长方形和半圆弧形的设计变化，也可以作为休闲裤局部造型变化的要点，使裤体口袋的整体造型有所变化。

（二）休闲裤口袋的细节设计要点

休闲裤口袋的设计必须考虑口袋细节在口袋整体中的重要性，通过对细节的优化，增加休闲裤的整体审美性。

1. 休闲裤口袋的线迹设计

由于休闲裤多为纯棉面料，在具有舒适性的同时也具有水洗易变形的弊端。因此，线迹在休闲裤的口袋设计中除了具有装饰作用外，还有便于缝制、防止口袋撕裂的作用。休闲裤口袋的线迹可以在粗细、数量和形式上有所变化。如休闲裤的贴袋选用颜色突出的双线线迹，或者袋盖盖角用装饰性较强的花式线条点缀。

2. 休闲裤口袋的闭合处设计

对于休闲裤口袋的闭合处，可以选用纽扣设计，也可以选用拉链设计，拉链在口袋闭合处存在的方式有隐性方式和显性方式两种。隐性方式可以利用袋盖或袋嵌线遮盖拉链，使口袋的闭合口含蓄地存在于裤体上。显性方式则突出拉链的变化，通过对拉链色彩、材质和数量的设计进行变化。

三、休闲裤口袋的实用性设计方法

功能决定形式，从实用性的方法出发，进行休闲裤口袋设计，能够体现设计的初衷。功能性的设计方法也是口袋设计的根本，体现了"以人为本"的设计理念。

（一）口袋大小适用性的设计

休闲裤的口袋要根据实际用途考虑其尺寸的大小，通常以人们手掌的宽度及长度为综合标准，决定口袋的开口尺寸及深度尺寸，使手掌能够舒适地在口袋中进行插伸的动作。休闲裤除了实用性的口袋外，也有特殊用途的口袋，它们的尺寸大小在设计上则相对比较自由。如出现在休闲裤上的手机专用存放袋就是根据手机的尺寸进行的特殊设计。

（二）口袋位置合理性的设计

休闲裤的口袋位置需要充分考虑人体结构及休闲动态的舒适性。口袋位置的高低设定要有利于手的插放，要结合人的胳膊的弯曲活动范围进行设计。休闲裤前片的口袋位置位于臀围线附近，裤体侧面的口袋则以手臂自然下垂所处的位置为最佳。

四、口袋功能性设计

多样化的口袋设计在时装设计中是很关键的一部分，在运动装的设计中由于结合功能和审美的需要，口袋设计就更加丰富多彩。休闲裤装口袋位置的高低不同可以起到区分口袋功能的作用，手最容易伸入、取物方便的口袋一般用来放置需要随时取用的必备品。口袋的形状及大小的不同也决定了其更适合放置哪些物品，或者有些口袋是专门为某一物品而设计的，如户外运动裤装经常会在裤侧设计较大的口袋，用来放置地图，细长的横袋便于放置眼镜，以及选用的绒面里布能保护眼镜的镜片，避免在运动中磨损镜片。细长且带有扣带的竖袋，一般是为存放户外运动者的刀具装备而设计的。同时，在户外裤装中经常会见到密封性较好的隐形口袋，可以用来放置手机、信用卡、钥匙之类的贵重物品，甚至水壶、手电筒等生活必备品也有专门的口袋设计。

在休闲裤装上设计功能多变的口袋，还可以把口袋设计成袋中袋的形式，用来满足户外活动的多种功能需求，方便人们携带外出用的必需品。但是也一定要考虑到腿部的负重问题，如果影响到腿部活动的轻便性和灵活性，那口袋的设计则有些画蛇添足的意味了。

第五节　颈部形态与衣领结构

一、颈部形态人因特点

（一）人体颈部形态

人体颈部呈上细下粗的不规则圆台状，从侧面看略向前倾，上端和头骨下端界面近似桃型。男性颈部约向前倾斜17°，女性约向前倾斜19°。颈根部与颈中部的围度一般相差2.5～3cm。但目前的研究对于颈根部与颈中部的围度还未给出准确的衡量标准。总之，从严格意义上看，对于不同的人，其颈部形态必然存在一定的差异性，如粗细程度、长短程度和前后倾斜角度等（图4-5-1）。

正面

侧面

背面

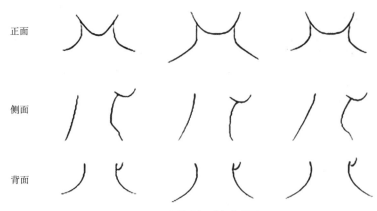

图4-5-1　人体颈部形态的差异

（二）颈部结构特点

颈部是连接头部与躯干部的人体部位，呈上细下粗的不规则圆台体形，颈根围是颈部与躯干的分界线，颈部骨骼是由7块颈椎骨组成的。其中第7颈椎棘突起的地方很容易找到，即为后颈点（BNP）；在胸骨与锁骨的内侧端连接形成颈窝，颈窝的锁骨上端与前正中线的交点，即为前颈点（FNP）；颈部左右两侧颈点（LSNP/RSNP），这4个点都是测量颈部时的重要标记点。

对于颈部的定义，一般认为颈部前面的上限为颌下点，下限至锁骨相交的颈窝处；后面上限为枕下点，下限为第七颈椎点；颈部的主要支撑是颈椎。但如果把领子和领围作为一个整体，那么颈椎周围的骨骼就是一种支持颈椎的框架结构。颈部和肩部，无论是从形态方面或功能方面来看，都有密切关系，把它们分开来处理不合理。

（三）颈部围度分析

颈部围度形态主要分析颈中围、颈根围以及围度差，由表4-5-1可知，老年女性颈围平均值比青年女性大，方差和标准差也比青年女性大，因此随着年龄的增长，颈围有增粗的趋势。颈中围与颈根围的差值是影响领子造型的重要因素，差值越小，颈部的锥形度越小，领子造型的起翘量小；差值越大，颈部的锥形度越大，领子造型的起翘量加大。表4-5-1所示为颈根围与颈中围差值统计表，颈部围度差主要分布在3.7~4.7cm，占总人数的53.5%。

表4-5-1　颈部围度差分布统计表

颈部围度差（cm）	2.6~3.6	3.7~4.7		4.8~5.8	5.9~6.9
百分比（%）	21.3	53.5	22.6		2.6

（四）颈部倾斜角度分析

颈部倾斜角度可以表示颈部前倾的程度，采用前颈角、后颈角、前后颈角差来进行分析。该研究使用快速聚类（K-Means）方法，将分类数定为3类，并通过单因素方差分析确定该分类数比较合理，最终聚类中心结果如表4-5-2所示，每一类显示中心点的位置。

表4-5-2　颈部倾斜角度终止聚类中心

项目	聚类		
	1	2	3
前颈角（°）	73.8	80.7	67.7
后颈角（°）	102.7	97.6	108.7
前后颈角差（cm）	28.9	16.9	41.0
案例数（个）	59	53	43

（五）颈部长度分析

颈部长度形态主要研究前颈长和后颈长，描述性统计结果如表4-5-3所示，青年女性前颈长均值为5.43cm，后颈长均值为6.53cm；而老年女性前、后颈长均有不同程度的缩短现象，后颈长缩短程度更大，颈长范围比青年女性更广，因此老年女性的衣领高度设计要与青年女性进行区分。

表4-5-3　老年女性颈长数据

测量项目	最大值	最小值	均值	标准差	方差
前颈长（cm）	7.0	2.2	4.214	1.1361	1.291
后颈长（cm）	5.6	2.3	3.592	0.5525	0.305

二、衣领结构人因设计

女装衣领从结构设计的角度一般可分为无领、立领、企领、驳领等主要类型。颈部连接着人体的头部和躯干，呈上细下粗的不规则圆台体形。颈根围是颈部与躯干的分界线，它由4个点围绕构成，即后颈点BNP、前颈点FNP、左右侧颈点SNP。

（一）无领型结构分析

无领领域以衣片的领窝为基点进行结构造型设计。常见的领口形式有圆领、方领、一字领、V形领等，这些领口形式按照制图基础又可分为矩形领窝形式和三角形领窝形式两类。无论何种形式，无领造型都可在基础领窝及确定的肩线上做结构变化处理。矩形领窝形式：圆领、方领、一字领均以矩形为基础，确定领宽、领深，做矩形，根据造型需要绘制领口弧线。同时，注意肩斜在基础领窝确定的肩斜线上截取。三角形领窝形式：V形领结构设计是以三角形为基础，确定领宽、领深，连接成三角形，以此为基础绘制V形领口。

在基础领窝确定的肩线上做截取处理时要注意：①一字领应尽量将领宽增加，领深减少，达到更好的一字效果。一字领的后领口形式可自由设计。②V形领口在结构制图时以三角形领窝为基础进行制图，由于人体前胸倾斜而产生的错觉，故将V形领口修正为曲线形式。当V形领口开得很大时，后领深要尽量小些，避免肩部滑落。

（二）立领型结构分析

　　立领是依据颈部形态围绕在颈部的造型，它是有领类衣领中最基础的一种领型，也称为领子的基础型。人体颈部可看成一个圆台体，但从严格意义上看，对于不同的人，其颈部尺寸数据存在着一定的差异性，颈根围和颈中围尺寸数据也不一样。立领是独立于衣片又无翻折领的领型。它的领下口线与领窝弧线相连接，领上口线贴服于人体颈部，并有一定的领座高。立领大多是合体与较合体款式，以贴合围裹颈部为主，故可将立领形态分为圆柱式立领、圆台式立领、倒圆台式立领、连体立领等。影响立领的因素只有领起翘度和领宽大小。立领的基础线是以后中线与领窝弧线的后中心点为起点的下平线。立领前领弧线距离下平线的角度称为前起翘量，用字母 α 表示。α 角的大小与领子形态有着密切的关系：①当 $\alpha > 0$ 时，立领呈圆台状，也称钝角立领，此时领上口弧线小于领下口弧线。②当 $\alpha = 0$ 时，立领呈圆柱状，也称直角立领，此时领上口弧线等于领下口弧线。③当 $\alpha < 0$ 时，立领呈倒圆台状，也称锐角立领，此时领上口弧线小于领下口弧线。α 角的大小决定着领子的舒适度。α 过大，会导致领上口尺寸太小而穿着不适，根据实验验证，在领宽不变的情况下 $\alpha \leqslant 2.5cm$ [2.5=（领口围度－颈围）/12]，一般领起翘在 $1 \sim 1.5cm$，当 $\alpha > 2.5cm$ 时，解决方式有两种：①减小领宽；②挖大领窝。根据人体颈部形态及颈部的活动量，领宽大小并非没有限制。由此得出一般人体的领宽应 $\leqslant 4.5cm$，且随着人年龄的增大，体型肥胖，下颌赘肉增多而有所减少，领子越窄越合适。

　　影响立领造型的相关因素。服装结构设计是以人、服装为研究对象，研究服装适应人体运动和体现人体美的规律。在人体部位与部位之间，人体与服装、服装与人体各个界面上，尊重人体固有的形态结构，了解各个部位的静态结构与动态结构的差异，才能使服装有效地作用于它，结构设计更具合理性与科学性，也使受服装作用后的人体更具卫生、舒适、合理的效果。因此在深入研究服装领型时，必须要研究并掌握人体颈部的形态、结构特征、运动规律乃至与头部、肩部的相互关系。

（三）颈部运动特征与合体立领结构设计

　　领型的结构设计要符合颈部的结构及活动，合体立领的设计是以人体颈部为基础，合体立领的领型为后宽前窄、后高前低、上围小下围大，使得领型符合颈部的形态造型特点。在领型设计时，不仅要考虑领子与颈部的形态相吻合，而且要留出一定的活动间隙。而留出的空隙量的大小取决于人体颈部的最大活动范围。空隙量包括两方面的内容：领子高度方向的活动余量和领子围度方向的放松量。

（四）衬衫领结构设计

　　衬衫领的设计应以人为本，衬衫领所要接触的部位是人体的颈部和肩部，所以在进行纸样设计时，既要从审美角度注重领型的美观与流行，还要考虑成型后领型与颈和肩之间的舒适度，其舒适度受领型内在结构的制约，衬衫领的理想造型是领座与领面分别设计。

　　首先，在人体颈部结构与领座的纸样设计中，领座的设计实际是立领结构的设计，它是以人体的颈部和胸廓的连接结构为依据进行的设计。如果把颈、胸的这种结构简单地理解为垂直关系，即以立领与衣身之间的夹角为直角。其纸样设计为：立领的围度即颈根围（经前颈点、侧颈点、后颈点测量一周）加上搭门量为领座下口线长，与后中线垂直做水平线。在后中线上确定领宽3cm，因人体的颈高一定，所以领座宽一般为2.5～4cm，领座的直角结构如图4-5-2所示。从图4-5-2中可以看出，领座上口线与领下口线互相平行，这是立领的基本结构，即直角立领。若将完成的纸样附在人体上，发现领座上口线与人体脖颈之间存在一定的空隙，并不服帖，其效果如图4-5-3所示。从图4-5-3中可以看出，这种设计不符合人体，不是最佳的设计方法。其原因是颈部的实际造型呈下粗上细的圆台体，且颈、肩连接之间的夹角为大于直角的钝角。只有使领座的上口线短于领下口线，才能使纸样实现这种圆台式的效果。在保证领座下口线长度不变的情况下，采用切展法中的重叠法，将领座上口线中多出的部分剪掉，这样领下口线的造型由原来的直线变成了上翘的曲线，其结果如图4-5-4所示。将领下口线上翘得到的纸样试穿于人体，发现领与颈的空隙量明显减少，领子已经变得服帖于颈部，其效果如图4-5-5所示。由此可见，衬衫领的领座下口线必须是上翘的。

领座下口线的上翘量并非随意的，上翘量应保证领座上口线的围度要大于颈围，可便于颈部自由活动。其上翘量通常设在1cm左右，这时领型立起的程度较强，多用在一些正装衬衫领的设计中。需要说明的是，上翘量越大，领座下口线与上口线差异就越突出，其锥形结构越明显，领型的立起程度越差。当起翘量在2.5cm以上时，通常要将衣身的领窝适当开宽、开深，以此增加颈部的活动量，故领下口线起翘量大的衬衫领多用于便装的设计。由此可知，领座的起翘量与人体颈部的贴体程度成正比，与领座的立起程度成反比。

其次，人体颈、肩部结构与翻领的纸样设计中的翻领设计直接关系到衬衫领的外观。设计翻领的一个结构性因素是翻领的容量，它决定翻领能否服帖地翻贴在领座上。翻领容量是将翻领往领座方向翻折时所需的松量，颈部下粗上细的锥状结构决定了翻领外口线一定要大于翻领上口线，这样才能将翻领服帖地翻折，二者之间的差量就是翻领的容量，其效果如图4-5-6所示，翻领的直角结构如图4-5-7所示。直角结构的翻领着装效果如图4-5-8所示。

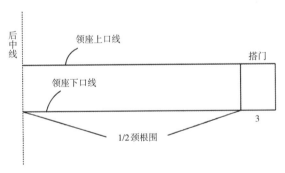

图 4-5-2 领座的直角结构

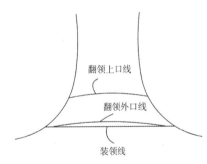

图 4-5-3 直角结构领座着装效果图

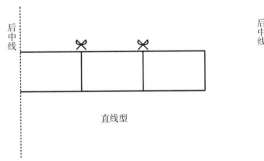

图 4-5-4 缩短领座上口线的结构图

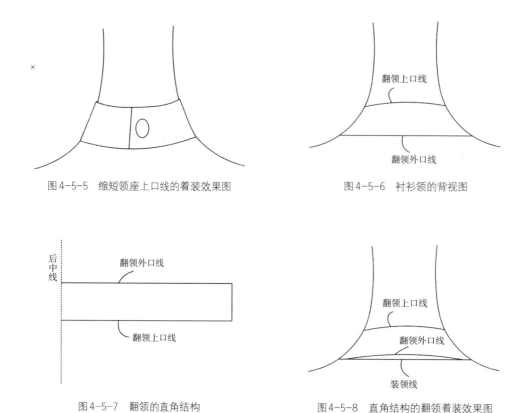

图 4-5-5　缩短领座上口线的着装效果图　　　　　图 4-5-6　衬衫领的背视图

图 4-5-7　翻领的直角结构　　　　　　图 4-5-8　直角结构的翻领着装效果图

　　假设翻领成直角立领的形态，将其与领座缝合后，将翻领向领座方向翻折，发现翻领翻折困难，且翻领的宽度因翻折困难而不能达到所设定的宽度。从背面看，翻领的外口线不能盖住装领线，这样将会降低衬衫的品质。出现这种状况的原因是缺少翻领容量，此问题的解决是在保证翻领上口线长度不变的情况下，在翻领外口线上均匀增加所需的翻领容量。这时，翻领上口线造型也由原来的直线变成了下弯的曲线，其效果如图 4-5-9 所示。

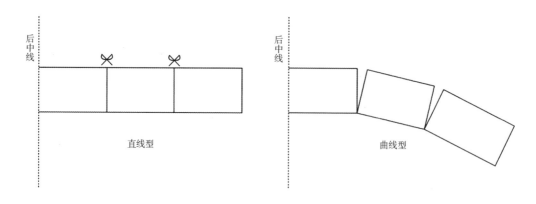

图 4-5-9　加长翻领外口线结构图

　　翻领的容量增加会使翻领翻贴在领座上，设定的翻领宽度自然会盖住装领线，领型变得美观，同时，也增加了人体的舒适度，其效果如图 4-5-10 所示。由此可知，衬衫领的翻领上口线一定是下弯的，并且翻领容量增加得越多，翻领上口线的弯曲度越大，翻领由颈部向肩部滑落的趋势也就越明显。

最后，在领座上翘度与翻领下弯度的关系中，领座上口线与翻领上口线要缝合在一起，为达到衬衫领的整体和谐，二者在长度上必须相等，但在曲度上相反。翻领下弯量的大小是决定翻领曲度的关键因素，而且领座上翘量与翻领下弯量之间有一定的搭配关系，即翻领的下弯量约是领座上翘量的2倍，二者之间成正比。当翻领曲度小于领座曲度时，翻领因容量较小翻折困难，甚至会使领座下口线暴露在外，其不可取；当翻领曲度近似于领座曲度时，翻领容量适中，领子的立起程度较强，翻领较贴紧领座，领座与翻领的宽度通常相差1cm；

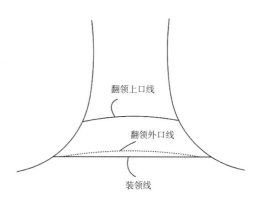

图4-5-10　增加翻领容量的领效果图

当翻领曲度大于领座曲度时，翻领容量增多，领子的立起程度较为平坦，翻领较疏远于领座，两者之间的空隙加大，翻领向肩部倾斜的趋势明显，翻领宽度应适当增加。

衬衫领一般可分为两种：一种是由领座和翻领组成的衬衫领，另一种是连体衬衫领。有领座的衬衫领又可根据领座形态分为衬衫领和半衬衫领。衬衫领领座的领下口线上翘较小，接近立领的直角形态，半衬衫领的领座反之，比较平服。无论何种领型，领下口曲度仍对领型起至关重要的作用。在衬衫领结构设计中，要求领座贴服颈部，翻领翻折盖住领座，领座上弯、翻领下弯，且翻领宽比领座宽至少大1cm。实例证明，由于翻领翻折应该完全盖住领座，翻领转折需要消耗0.5cm左右的量，里外共需1cm〔0.5×2=1（cm）〕左右。翻领的下弯曲度不小于领座上弯曲度。①当翻领宽只比领座宽大1cm时，此时领座翘度不宜太大，应取1～2cm，这样翻领曲度才可能等于领座曲度，否则会因翻领和领座之间曲度过大造成缝隙加大，翻领较领座宽的1cm松量翻折后不足以遮住领座。②当领座翘度≥2cm时，翻领下弯曲度大于领座上弯曲度，两者之间空隙变大，翻领翻折后盖不住领座，要想盖住领座只能增加翻领宽度，因为1cm不能满足空隙量的要求。

半衬衫领是领座不直立的翻领，也就是领下口线曲度起翘量较大的领型，且一般起翘度≥2.5cm，此时翻领下弯曲度大于领座上弯曲度，且领座与翻领之间距离是起翘量的2倍左右。

翻驳领结构设计。驳领与倒伏量有着密切的关系，倒伏量的大小是绘制驳领时应考虑的重要因素。倒伏量的设计主要依据影响因素来考虑。倒伏量是依据驳点而改变的，对于较合体的翻驳领，翻领与领座的差值越大，倒伏量也越大。假设翻驳领款式不变，倒伏量大于正常量，意味着翻领外口弧线增大，导致翻折后翻领不够服帖。如果倒伏量不足，翻领弧长不够，翻折后则会对肩部挤压，使领嘴被扯大，造成服装的结构性问题。从结构而言，驳点越高，开领越小，驳口线斜度越大，即倒伏量就越大。影响倒伏量的其他因素：①倒伏量与翻领领座的高度差关系。领片宽增加时，倒伏量也相应增加。领座必须做分体处理，才可保证领座部分合体，翻领部分服帖。例如只增加前领深，翻折线位置较原翻折线下移，领片外口弧线曲率变小，外口弧线和内口弧线之差减小，相应倒伏量也会减小。②倒伏量与搭门宽的关系。双排扣衣服通常搭门很宽，相应倒伏量也会增加。因为搭门量增加，领深同时减小，翻折线越倾斜，造成领外口线曲率增加，倒伏量随之增加。③倒伏量与领子造型的关系。不同造型的驳领倒伏量也不尽相同。例如有领嘴时，成品领片与驳头部位外弧牵扯力较小，倒伏量也较小。此外，领子造型所需的贴体程度、加工工艺中归拔的处理等都对倒伏量有一定影响。

1. 在肩袖部位动态运动状态与相关结构参数的研究中，需要我们测量服装纸样中的哪些部位尺寸？

2. 简述由胸锁关节及肩关节运动引起的背宽扩张，大致分为哪几种情况。

3. 简述在人体肩部类型与服装纸样中，男、女肩部形态大致可以归纳成几种类型。

4. 休闲裤的口袋可以分为哪几种类型？

5. 女装衣领从结构设计的角度一般可分为哪几种类型？

第五章

着装行为的人因工程

课题名称： 着装行为的人因工程

课题内容： 1. 自我服装的心理人因分析
2. 角色服装的情境人因分析

课题时间： 2 课时

教学目标： 1. 掌握自我服装的心理人因因素。
2. 掌握角色服装的情境人因因素。
3. 提升信息素养，树立终身学习理念。

教学重点： 自我服装的心理人因分析；角色服装的情境人因分析

教学方法： 线上线下混合教学

服装作为一个客观存在的物质，不同的人对其的主观感受不同，这种主观意识的差别来自社会、年龄、性别等多方面的影响。因此，根据不同的人对待服装的态度和其独特的审美价值判断，就产生了不同的着装心理。本章以人—服装—环境三者之间的关系为基础，从服装人因工程学的角度，对自我服装和角色服装两方面进行分析，为服装设计师提供更多的设计灵感。

第一节 自我服装的心理人因分析

在人们的日常生活中，服装已成为不可或缺的重要物品，人们越来越关注着装对心理层面的满足，不同的心理特征会产生不同的着装行为。

一、着装人因心理

在20世纪70~80年代，人民物质生活匮乏，人们穿着的服装主要是为了抵御风雨严寒，遮蔽烈日暴晒，防止病菌入侵，保护身体不受侵害。随着社会的发展，人们不再局限于服装的基本功能，服装的美观性成为人们消费的主要因素之一。

常言道："三分容貌，七分打扮。"容貌固然重要，但着装更能体现个人的气质与美，人们往往依靠服饰修饰自己的仪容，增强自身魅力和信心，通过服饰穿搭展现自己在他人面前美好的形象。"爱美之心，人皆有之。"希望别人赞美自己，几乎是人类的共同心理诉求。通过形象的改变，个体的自尊心则会相应地增强。

此外，人们可以利用服装改变自身的心态。例如，对男性来说，如果长期穿着女性化的服装，会使其行为和心态具有女性化的倾向；反之，对女性亦然。又如对于保守、内向的人，通过穿着一些款式暴露的服装，可以逐步形成开放、外向的性格。另外，服装还有治愈抑郁心情的效果，其在精神病症临床治疗和恢复中有很多应用。

服装是一个客观的物质存在，而不同的人对同一件衣服的主观感受却不同，这种主观意识的差别受到来自家庭、社会、年龄、性别、经历等多方面的影响。因此，根据不同的人对待服装的态度和其独特的审美价值判断，就产生了不同的着装心理。着装人因心理大致可以分为：个性化人因心理、从众人因心理、审美人因心理、效仿人因心理、品牌人因心理。

（一）个性化人因心理

传统文化是在历史发展中形成的风俗习惯、价值观念、行为准则、生活方式、伦理道德等。生活在社会环境中，每个人的思想和行为都深深地受到传统文化的影响，各种消费心理同样也受到传统文化的影响。随着经济与文化的发展，进入21世纪以来，时代在变，消费观念也在变，消费者的"自我"意识逐渐强化，一部分消费者已经率先冲破传统文化的束缚，在消费上开始追求个性化，行为上表现为求新、求异、求奇的心理倾向，特别是年轻人表现更甚。个性化消费逐渐呈现出前所未有的发展态势，显示出强大的生命力。

个性既是心理学的重要概念，也是服装行为中的重要内容，个性对一个人的服装行为产生一定的影响。个性化人因心理，指消费者在购买商品时更加注重通过消费获得个性的满足、精神的愉悦、舒适及优越感，能够以个人心理愿望为基础挑选和购买商品或服务。每个人都有求新、求异的心理，随着社会的发展，这种心理现象越来越普遍，人们对个性的追求引发了流行服装的产生。个性心理是一种追求产品新潮、独一无二和趋于时尚的心理。那些敢于穿着奇装异服的人，一方面试图通过追求独一无二、与众不同来表现自我、引人瞩目；另一方面又存在着对自我的保护，用某些地方的出众来回避其他方面的不足。由此可见，个性心理既是对自卑心理的一种克服，又是对自卑心理的一种超越。

（二）从众人因心理

"从众"是一种比较普遍的社会心理和行为现象，通俗地解释是"人云亦云""随大流"；大家都这么认为，我也就这么认为；大家都这么做，我也就跟着这么做。从众心理是人们在社会群体或社会环境的压力下，改变自己的知觉、意见、判断和信念，在行为上顺从或服从群体中的多数与周围环境的心理反应。一种新的服装样式的出现，周围的人开始追随这种新的样式，便会产生暗示性。如果不接受这种新样式，便会被讥笑为"土气""保守"。由此对一些人便形成一种无形压力，造成心理上的不安，为消除这种不安感，迫使他们放弃旧的样式，而产生追随心理，加入流行的行列。随着接受新样式的人数增加，压力感也在增加，最终形成新的服装流行潮流。服装流行中的从众心理，一方面反映了人们企求与优越于己的人在行为上和外表上一致，使自己获得某种精神上的满足，从而表现出模仿消费与攀比消费。现实生活中，许多年轻人出于对明星的崇拜，从而对其的穿着方式、外在形象进行刻意模仿，颇具代表性。另一方面，也反映了人们的归属意识。这是由人们具有寻求社会认同感和社会安全感的需要而决定的。当一个人的思想与现实行为偏离了所依存的群体或违背了群体规范，便会受到指责或孤立，从而造成心理上的恐惧。为避免这种结果，人们总是趋于服从。在归属意识的支配下，人们会随从群体中大多数人的行为，即"随大流""赶时髦"。正是由于这种从众心理的存在，所以流行在个性追求、自我表现的同时，它所具有的标准特征又限制了个性。因此，在流行过程中，存在一种盲目模仿新奇的东西而失去个人特点的趋势。

在不同场合，人们对服装有不同的要求，如中国婚庆的场合要打扮得喜气洋洋，人们在这种场合下会感到自己很高兴，同时也给别人带来愉悦心情。西式的婚庆喜欢用典雅庄重、洁净自然的白与黑或点缀以少许艳丽的色彩，给人一种纯洁、美好的感受。

（三）审美人因心理

审美是一种主观的心理活动，其涵盖的范围特别广泛，在任何一个领域都有审美的存在。服装作为具有装饰作用的直接接触人体的客观存在，在当今时代成为着装心理的首要心理活动。现代人们穿衣服的主要目的就是传递美的视觉感受，着装搭配在满足审美需求的同时能够给穿着者带来他人的羡慕和赞美，从另一方面又满足了人的虚荣心理。

人们对美的追求是永恒的。人之所以要穿服装，就是为了使自己更具有魅力，这也是用衣物来装饰自身的一种本能冲动。在人类进化的历史长河中，随着嗅觉敏锐度的减退，视觉的敏锐度逐渐增强，人们对于形象、色彩的感受能力越来越精细和敏感，相应的视觉审美能力逐渐得到提高。

（四）效仿人因心理

人总是生活在一定的社会群体中，通常一个群体中的人有着某些相近的客观条件，如年龄、性别、职业、支付能力、文化水准等。受社会因素和心理因素的影响，消费者在购买和使用商品时往往希望与周围的相关群体保持同步，所以大众化的商品容易产生同步购买的心理。一般来说，个体出于对群体的信赖以及对离群的恐惧心理，往往希望保持与群体的一致性。模仿大致可分为直接模仿、间接模仿和创造性模仿。直接模仿，即原封不动地模仿，如儿童对大人行为的模仿。这种模仿容易产生盲目跟从的现象。间接模仿，指在一定程度上加入自己的意愿和见解的模仿，这种行为可促使流行迅速扩大。创造性模仿，指在模仿中加以创造，既可使自己区别于他人，又能跟上时代的潮流。创造性模仿贵在创新，通过模仿而使原来的款型、色彩特征增加新的意境。

（五）品牌人因心理

任何物品只要贴上名牌标签，就会备受喜爱，人们甚至不会去在乎它的版权真伪。现如今，各种名牌广告对消费者疯狂洗脑，人们在无意识中接受了这种暗示。另外，名牌消费还满足了人们对外部认可的心理需求。吃名牌、穿名牌，就如同向他人宣布金钱和地位，以此换来尊敬和社会认同，进而证明自身价值。人们能够从名牌消费中获得心理认同，名牌能够带给人们的不仅是物质享受，更是社会地位和身份的象征。

二、知觉人因心理

知觉，指带有相对程度的主观意识和主观解释，是一种对感觉信息处理的心理历程及心理反应，这种反应代表了个体基于其已有的经验，对环境、物体的主观解释。知觉也可称为知觉经验，日常生活中我们所获得的知觉经验，是看到的物体周围所存在的其他刺激而影响产生的。知觉是在感觉基础上形成的高层次审美活动，是经过大脑加工处理并形成一定的知觉模式，这种模式一旦被掌握不仅可以利用计算机技术进行模式识别，还可以指导服装设计以满足消费者的需求。由此可见，在人与服装系统界面中，知觉经验是心理作用的一种体现。

（一）知觉心理与服装

大量的实验研究工作强调，整体并不等于部分的总和，整体乃是先于部分而存在并制约着部分的性质和意义。它们从整体出发，对知觉提出了许多原则，包括相对知觉心理、选择知觉心理、整体知觉心理。每个人都依靠感觉和知觉了解其周围的世界，知觉是人脑对直接作用于感觉器官的物象的整体反映，是对感觉信息进行组织和解释，从而获得一个完整图像的过程。我们每天都要通过感觉器官从外部世界获取信息形成各种各样的感觉，如视觉、听觉、嗅觉、触觉和味觉等，但获取的这些感觉基本是孤立的、凌乱的、机械的、被动的，受物理和生理状况的影响，反映的是事物的个别属性和特征。知觉是在感觉的基础上产生的，是能动的、创造性的，受心理和社会因素的影响，反映的是事物的整体性和关联性，如一件衣服，看上去是暗色花纹的、厚重的，摸上去是硬挺的、暖和的，那么我们就可能会形成这是一件呢子大衣的印象。因此，知觉心理是建立在服装界面上的一种心理感知。

知觉不仅与外部刺激的特征有关，同时也与此刺激和周围环境的关系及个人的状况、知觉与过去的经验需要及感情等因素有关，是一种复杂且综合的感性体验。德国的"完形心理学派"即"格式塔"（Gestalt）心理学派在知觉领域进行了恒常知觉心理及组织知觉心理方面的研究。现对服装知觉心理的相对性、选择性、整体性的实例进行分析。

1. 相对知觉心理

知觉是个体根据感觉所获得的资料而做出的心理反应，代表了个体以其已有经验为基础，对环境事物的主观解释。由于个体差异不同的人对相同的感觉会有较大的知觉差异，故知觉经验是相对的而不是绝对的。在一般情形下，当我们在对一个物体形成知觉时，物体周围的其他刺激势必会影响我们对该物体所获得的知觉经验。例如，当你看到绿叶丛中的一朵红花时，在知觉上它与采下来的一朵红花是不一样的；又如，同样款式和花色的衣服穿在胖、瘦、美、丑不同人身上，知觉也是不同的；再如，分别让两个体型较瘦和较胖的人穿着紧身衣和宽松T恤，瘦的人会显得更瘦，胖的人会显得更胖。

以图5-1-1所示为例，图5-1-1（a）中的矩形与图5-1-1（b）中的矩形大小相同，然而受到周边其他图案的影响，会接收到（a）图中的矩形比（b）图中的矩形大。由此形成的知觉差异，就是由不同环境的作用产生的。

在图5-1-2所示的两张图片中，中间的矩形大小相同，但由于周边环境的变化，感觉（b）图中的矩形更大一些。

2. 选择知觉心理

当我们用感觉器官获取信息时，并不是对环境中所接触到的一切刺激特征全部照收，而是带有相当选择性的以生理为基础的感觉，尚且如此纯属心理作用的知觉经验，其对知觉刺激的选择性则可想而知。知觉的选择性在心理反应上的表现，主要有两种方式：

第一种，同一知觉刺激下，如果观察者采取的向度不同，则产生不同的知觉经验。如图5-1-3所示，看到的是什么图形关键在于我们从哪个方位进行观察，当我们从正面观察时，会看到半张人脸；当把图侧过来看时，则会看到一张侧脸。

第二种，同一知觉刺激下，如果观察者所选取的焦点不

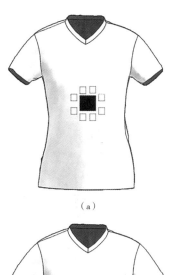

（a）

（b）

图5-1-1　矩形在不同环境中的知觉差异1

（a）

（b）

图5-1-2　矩形在不同环境中的知觉差异2

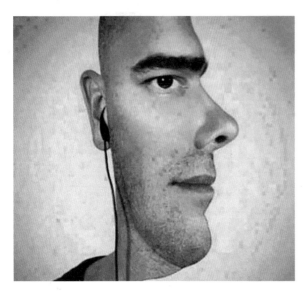

图5-1-3　不同向度产生的知觉差异

图5-1-4　不同焦点产生的知觉差异

图5-1-5　知觉的整体性1

同，也可产生不同的知觉经验。如图5-1-4所示，视觉焦点不同，感知到的也不同，有的人会看到人脸，而有的人则会看到苹果。

3. 整体知觉心理

所谓知觉的整体性，指超越部分刺激相加之总和所产生的一种整体知觉经验。单个刺激对象必须在整体形象中才有意义，例如，一个女子的眼睛或鼻子长得很漂亮，但她未必就是一个美人。因此，包括多种刺激的情境可以形成一个整体知觉经验，而这种整体知觉经验，并不等于各种刺激单独引起的知觉之总和。

知觉整体性在服装设计与应用中也是常见的手段。它在不完整的知觉刺激中形成完整的美感。正如完形心理学家们所主张的，多种刺激的情景可以形成一个整体知觉判断，它纯粹是一种心理现象，有时即使引起知觉的刺激是零散的、破碎的，而由之所得的知觉经验仍是整体的。

首先，超越部分刺激相加之总和所产生的是一种整体知觉经验。图5-1-5所示为由一些不规则的线和面所堆积而成的图形，可是大部分人都能看出，此图有明确的整体意义。图形是由四个不完整的深色矩形构成的，然而我们却能看到一个白色的圆形出现。像这种刺激本身无轮廓，而在知觉经验中却显示出"无中生有"的轮廓，称为主观轮廓。

另外，观察图形一部分所得知觉都是清楚明确的，但将图形作为整体知觉刺激看，则不明确或不合理。对图5-1-6所示来说，只看外面一部分，是一双手的模样，很明确。遮住手的部分观察，无疑是一座假山。但如果无任何部分被遮盖则看不出是一个什么东西。像这种无法获得整体知觉刺激的图形，称为无理图形。知道这一原理后，我们就不难理解一套高级西服和一双名牌旅游鞋穿在一起为什么那么别扭，那么让人无法接受。

（二）知觉中的错觉现象

在心理学知觉历程中包含空间视知觉、空间听知觉、时间知觉、移动知觉、错觉等方面，视错觉是与设计美学关联最紧密的部分。所谓视错觉，指凭眼睛所见而构成失真的或扭曲事实的知觉经验。这种知觉经验维持着观察者不变的心理倾向。

错觉现象形成的真正原因，至今心理学家仍未有确切定论，况且作为服装创造者来说，没有必要为此深究，他们需要关注的是明显的错觉现象如何合理地渗入艺术形态创意之中。

知觉中的错觉现象可以修正人体形态，通过错觉原理使人的形体显胖或显瘦、显高或显矮，这方面的处理在实际中已为服装设计师或着装者自觉或不自觉地运用了。例如，模糊垂直水平线，增加人体在视觉上的宽度而显丰满；强化人体下肢部垂直线，回避褶

图5-1-6　知觉的整体性2

裥与裤口卷边而显形体修长等。这里要明确的是利用错觉修正人体形态的态度，即注意视错觉经验的积累，要善于用图形、色彩来表示错觉现象，尊重视知觉中错觉的失真判断，将失真判断融合到服装设计之中，在不合理中见合理。

（三）知觉的组织原则及其在服装上的应用

在知觉过程中，将服装的感觉资料转化为心理性的知觉经验时，要经过一番主观的选择处理。但其处理过程是按一定的方式进行的，具有一定的组织性和逻辑性。按照"完形心理学"的理论，知觉的组织过程有以下原则。

1. 类似法则

在知觉范围内有多种刺激物同时存在时，若各刺激物某方面的特性（如形状、颜色等）相似，则在知觉上易倾向于同一类。如图5-1-7所示，在由相同形状组成的方阵中，我们一眼就能认出一个"人"字形，显然是由于组成这个形状的颜色造成的。在服装的知觉中，品质相同或相似的元素易被组织成整体。如在套装的襟边、领部、袖口、口袋边、裤脚边、裤侧缝、下摆等部位，用相似的面料、色彩肌理和图案装饰，就会使服装既有变化，又构成完整的统一。

2. 接近法则

在空间上接近的部分容易被感知成为一个整体。这一原理常被用来创造一种视觉的整体倾向，如服装上密密麻麻的纽扣，就充分利用了人的知觉的邻近性原则。尤其当纽扣的质地、颜色与服装形成对比时，更容易被感知为一个整体，形成节奏和秩序感，达到一种装饰效果。在服装上，纽扣连续排列起来时，视

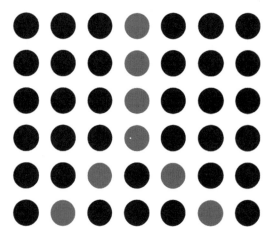

图5-1-7　类似法则

线就从一个纽扣移向另一个纽扣，形成了连续的线。如图5-1-8所示的虎纹分布较广且稀疏，而衣身上的流苏装饰分布既整齐又密集，因此更容易被看作是一个整体。

3. 闭合法则

有封闭轮廓的图形比不完全的或有开口的轮廓图形更容易被感知为整体。在服装上，不同面料的材质、图案或色彩间的组合关系形成不同的封闭或开放图形，给人的知觉造成一定的影响，完整的封闭图形易于形成良好的、完整的感觉。如图5-1-9中左边的封闭三角形比右边的非封闭三角形给人更加完整的感觉。

4. 连续法则

有良好的连续倾向的图形容易组成整体。人的视觉更易于将连续的图形感知为统一的整体。我们一般会把图5-1-10中的图形看成一个完整连续的图形，不大可能把这一图形分开来看成是多个波形。由此可知，知觉上的连续法则所指的"连续"未必指事实上的连续，而是指心理上的连续。知觉上的连续法则，在服装上应用比较广泛，即使面料色彩或构成形态发生了一些变化，但仍使人觉得服装的整体较好。

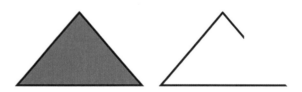

图5-1-9 闭合法则

图5-1-8 2022吉尔·桑达（Jil Sander）
春夏成衣时装秀

图5-1-10 连续法则

5. 简单法则

人的视觉具有高度的概括能力，具有把图形概括为简单图形的倾向。正是由于人的知觉的简单化倾向，才使很多的复杂材料组织在一起的服装有整体感，而不觉得零碎。如图5-1-11所示，我们在看左边的图形时，很容易将其视为一个六边形，而不太可能会认为它是右边的正方体。服装的款式、材料和色彩的运用如果简洁的话，那么服装的整体感就强，紧凑而不凌乱，这也是现代人所坚持的服饰观。

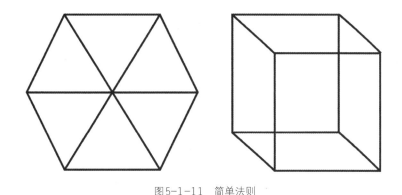

图5-1-11　简单法则

第二节　角色服装的情境人因分析

一、行为人因分析

消费者的行为需求直观地反映了他们的消费心理，因此消费者心理的研究对于市场营销工作是至关重要的。通过对其行为需求的观察与科学分析，可以间接地推断人购买商品时的心理活动性质和水平，从而进行有效的市场细分，让产品有更准确的定位，进而扩大产品的销售。

（一）消费者消费行为过程

消费者的消费行为过程，是消费者需求、购买动机、购买活动和购买后使用感受的综合与统一。消费者通过了解相关商品信息，然后结合自己的实际需要做出购买决策。目前，服装消费行为主要分为线下消费、线上消费。随着社会发展、科技的提高，消费行为重心逐渐由线下向网络转移。

消费者的网络消费行为过程有助于企业更好地了解服装网络消费者的需求，从而为企业进行网络营销提供必要的支持。服装网络消费者的消费行为过程可分为确认需求、信息收集、比较与选择、购买决策、购买后评价五个阶段。

1. 确认需求

网络消费过程的起点是消费者的需求。消费者的需求是在内外因素的刺激下产生的，内因是自我需要，如季节的变更需要购买当季服装；外因是广告等营销方式诱导消费者产生购物的欲望，当消费者对市场中出现的某种商品或某种服务产生兴趣后，才可能产生购买欲望。这就要求服装网络营销人员注意了解自己所销售服装的假定客户的实际需求和潜在需求，了解这些需求在不同时间的变化和诱发需求的刺激因素，进而设计巧妙的促销手段去吸引更多的消费者访问网站，引发他们的需求欲望。

2. 信息收集

消费者有购买服装的需求后，就会花费一定的时间和精力，通过不同渠道收集符合自己需求的服装的相关信息，如价格、品牌、面料等。信息搜集的渠道主要有两个方面：内部渠道和外部渠道。内部渠道，指消费者本人所拥有的关于服装方面的信息，包括购买服装的实际经验、对市场的观察以及个人渠道、商业渠道和公共渠道。个人渠道是指消费者通过亲戚、朋友或同事等获取相关服装的购买信息和体会，另外，通过网络获取其他消费者购买服装的评价也是一个很重要的收集服装信息的个人渠道。这种信息和体会在某种情况下对购买者的购买决策起着决定性的作用，网络零售决不可忽视这一渠道的作用。商业渠道主要是通过商家有意识的活动把商品信息传播给消费者，网络零售的信息传递主要依靠网络广告和营销平台中的产品介绍。

消费者收集服装信息时首先在自己的记忆中搜寻可能与所需服装相关的信息，如果信息量不足，则会选择用外部渠道搜索相关信息。根据消费者对信息需求的范围和对需求信息的努力程度不同，可分为以下三种模式。

（1）广泛的问题解决模式：该类型的消费者尚未建立评判特定服装或特定品牌的标准，也不存在对特定服装或品牌的购买倾向，而是很广泛地收集某种服装的信息。

（2）有限的问题解决模式：此类型的消费者已建立了特定服装的评判标准，但尚未建立对特定品牌的倾向，这时消费者会有针对性地收集特定服装或品牌的信息。

（3）常规的问题解决模式：在这种模式中，消费者对将来购买的服装或品牌已有足够的经验和购买倾向，他的购买决策需要的信息较少。

3. 比较与选择

消费者通过各种渠道收集足够的服装信息后，根据产品的功能、可靠性、性能、模式、价格和售后服务等内容，对信息进行分析、比较、研究，从中选择一种自认为"足够好"或"满意"的产品。

网络零售环境中，消费者不可能直接接触服装实物，只能通过页面内容了解服装，因此网络零售商需要对自己的服装进行充分的文字和图片描述，如细节放大的技术，以吸引更多的消费者。

4. 购买决策

网络消费者行为是指网络消费者在购买动机的支配下，从多件商品中选择一件满意商品的过程。网络消费者在决策购买某商品时，一般会考虑生产厂家的信誉度、网上支付的安全性等因素。购买决策是网络消费者购买过程中最重要的组成部分，它基本反映了网络消费者的购买行为。相对于传统的购买方式，网络消费者在购买决策时有三个显著特点：

（1）网络购买者的动机以理智动机为主，感情动机所占比例较小；

（2）网络购买决策受外界影响较小；

（3）网上消费的决策行为比传统购买决策速度快。

5. 购买后评价

消费者购买商品后，往往都会对自己的购买选择进行评价，该评价通常能够决定消费以后的购买动向，同时也能起到广告的作用。另外，网络购物环境中消费者的评价对其他想购物的消费者具有显著影响。利用互联网交互性强的特点，现在几乎所有的网络零售平台都提供消费者购买后的评价功能，如直接填写评价、电子邮件等方式，商家收集到这些评价之后，通过分析和归纳，及时了解消费者的意见和建议，发现产品和服务中的缺陷与不足，制定相应对策。

（二）服装行为人因分析

消费者行为分析的论著出现于20世纪60年代，不过它的起源可以追溯到18世纪。消费者行为理论是一门跨领域的综合学科，其内容涉及社会学、经济学、营销学、心理学、社会心理学、人类学、民族学等多个学科领域，对此领域，各个领域的许多学者都从各个角度提出了很多宝贵的意见，然而至今对消费者行为的定义仍然具有争议。西方学者一般从广义和狭义两个角度来定义消费者行为。前者从整个环境资源来分析研究人类消费行为；后者则是从市场营销人员的角度来分析研究消费行为。

通过以往国内外学者对消费者购买行为的分析，发现消费者行为发生在消费者寻找产品到消费产品再到处置产品的过程中，消费者行为是消费者在这个过程中所发生的一系列的体验、比较、决策等行为，个人因素、环境因素、心理因素、营销因素等对消费者行为都产生了一定影响。服装作为人们日常生活开销的一部分，占据极其重要的地位。随着社会的发展，人们在购买服装时不再只注重服装美观性，服装合体性、舒适性和功能性也直接决定了人们的购买行为。

1. 服装合体性人因分析

服装合体性人因分析是一个评估服装与人体关系，并判断其在一系列既定指标下表现情况的复杂过程，服装合体性对服装外观美感具有显著影响，是消费者在购买服装时主要考虑的因素之一。

判断服装是否合体性的关键因素在于服装设计与各人体部位特征相适应，最常见的舒适性服装研究部位有：服装与颈部、肩部、胸部、腰腹部等。

（1）颈部人因分析：人体的颈部呈上细下粗的不规则圆台状，以前倾的方式与胸腔相连。颈部因人而异，有长短粗细之分，颈部的左右侧颈点、颈窝点、颈椎点等关键点决定了衣领造型的结构设计，如图5-2-1所示。

根据人体颈部形态，衣领可分为无领、立领、企领、翻驳领。无领设计主要是对实际领窝线的设计，可以是圆形、方形、一字形，也可以是V字形等。它们都是以侧颈点和颈窝点为参照进行定位的（图5-2-2）。

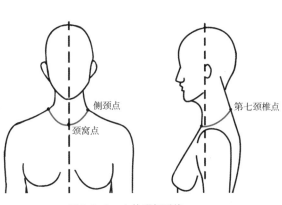

图5-2-1　人体颈部形状

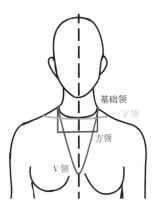

图5-2-2　无领结构设计

立领的基础是直角长方形造型，根据颈部上细下粗的形状从而形成合适的扇形状态，如图5-2-3所示。

企领是由立领作为领座，翻领作为领面，组合构成的领子，如衬衫领、中山装领等。其中，由于立领的上口和翻领的上口要通过缝制进行拼接，因此它们的弧线成正比并且长度相同，如图5-2-4所示。

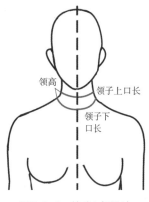

图5-2-3　基础立领设计

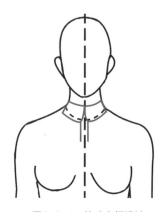

图5-2-4　基础企领设计

翻驳领是以西服领结构为基础，由驳领和翻领构成。驳领可以根据人体颈窝点设计驳点的高低位置，翻领由领座和领面构成，从侧面和后面观察具有企领的造型特征，因此原理类似于企领，如图5-2-5所示。

（2）肩部人因分析：日本服装学者中泽愈把人体上半部分按照服装设计的功能性分为贴合区、作用区、自由区和设计区。图5-2-6中的黑色区域为贴合区，它是上半身服装造型的关键区域，对服装的穿着感、合体性、悬垂效果等具有重要意义。服装肩部结构就位于上半身贴合区的范围，因此，服装肩部结构与人体肩部形态结构有着密切关联，对服装整体造型有较大影响。

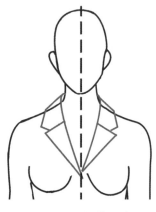

图5-2-5　翻驳领设计

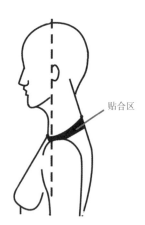

图5-2-6　肩部人因分析

常见的服装肩部造型按正常体、溜肩、平肩三种肩部形态进行设计。基于人体肩部的特征，在对服装肩部的结构进行设计时，需控制省道大小和肩线弧度，并通过归拔等工艺手段有针对性地调整肩部曲面的凹凸势，形成与人体肩部形态相吻合的肩部曲面，使服装造型美观合体。

（3）胸部人因分析：胸部结构作为成人女装设计的重要部位，不仅影响整体形态的美观性，而且对人体健康起到关键作用。女性乳房被分为圆盘型（扁平型）、半球型、标准型、圆锥型（纺锤型）、下垂型和鸟嘴型六种类型，如图5-2-7所示。对于不同形态的胸部应设计不同的服装胸部结构。其中，文胸作为包裹胸部的贴身服装，不仅起到保护胸部的作用，更影响着胸部的美观性。

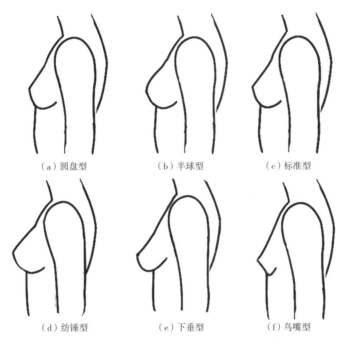

（a）圆盘型　　　　　　（b）半球型　　　　　　（c）标准型

（d）纺锤型　　　　　　（e）下垂型　　　　　　（f）鸟嘴型

图5-2-7　胸部形态分类

（4）腰腹部人因分析：腰腹臀作为下体特征的关键部位，对裤装结构设计起关键性作用。有调查表明，消费者认为尺寸合体是选择裤子时最重要的因素之一，尤其是女性消费者。可见女性下体体型研究在女裤设计的系统工程中所处的地位。目前国内外对人体体型的研究均以整体体型为主，我国实行的人体号型分类适用于标准体，对特体的研究还不够深入，而研究女性下体特征差异分类及其裤子结构的专题甚少，因此探求特殊体型能穿着舒适、合体、美观的裤装尤为重要。

2. 服装感性人因分析

服装感性是研究人—服装—环境之间关系的一门边缘学科。如体温的相对稳定、新陈代谢是维持人体正常功能和活动的基本保证。人体的体温调节和代谢产热机制是研究服装舒适性的生理学基础，只有了解和认识了人体的热调节机制，才能科学、合理地研究和评价服装或面料的服用性能。表5-2-1所示为不同体温下人的身体变化。

表5-2-1　不同体温下人的身体变化

体温（℃）	身体变化
43~44	死亡
41~42	虚脱
39~40	大量出汗，血量减少，血液循环不畅
37	正常

续表

体温（℃）	身体变化
35	大脑活动过程受阻、发抖
34	神智失常
25～27	心跳停止、死亡

同时，人作为服装感觉的主体，其生理因素与心理因素对服装感性都具有重要的影响。

（1）生理因素：服装舒适与否，与人体生理关系密切。人体为了维持正常的代谢，体温必须保持在一定范围内，通过生理调节（血管的舒缩、出汗、寒颤等）和行为调节（服装、环境的变化等）来实现。不同的个体，由于健康状况、新陈代谢、体温、出汗量等有差别，其对服装舒适性的感觉不同。

（2）心理因素：服装是一种视觉形象，应能体现现实美和艺术美，给人心理上以愉悦、轻松、优越和舒适的感觉。不同个体，对服装的立体造型、平面装饰以及服装与体型和发型的协调等有不同的心理需求。

3. 服装功能性人因分析

目前，对服装功能性人因分析多集中于功能服装热防护性能的研究。一些学者通过对裸体以及穿着防护服后的火人进行扫描，用火人燃烧实验分析体表烧伤等级的分布，从而得知，人体表面的烧伤程度随着空气层厚度的降低而增加。同时，通过研究不同型号防火服的衣下空间分布，建立了烧伤模型与空气层厚度之间的关系，并使用数值模型预测了达到最优防火性能时皮肤与服装间的空气层厚度。可见，位于人体皮肤与服装内表面之间的衣下空气层对服装的热防护性能具有重要影响，为设计具有优良热防护服装提供了依据。

依据服装功能，通常可分为工具性、情感性或表达性这两类不同的角色进行分析。例如，"医生"作为一个职业，是工具性角色，而"妻子"则是一个情感性角色。就两性来说，"男性"属于工具性角色，而"女性"则更多地被归类到情感性或表达性角色。所有这些角色，都是约定俗成的，因而可以看成是制度性角色。我们每个人都有着多重角色，例如，一个人既是丈夫的妻子（角色1），又是孩子的母亲（角色2），也是公司的职员（角色3），还可以是商店的消费者（角色4），有时候也会是某个医院的病人（角色5）等。总之，在不同的场合和不同的社会关系中，我们的角色也不同。不同的制度性角色，服从不同的规范。如果说，服装是制度性角色的扮演方式，那么，很显然，服装在扮演工具性角色（职业）和扮演表达性角色（女性）的时候，遵从了不同的规范。职业装是职业角色的扮演方式，它服从的是职业形象的要求和规定，常常难以满足女性的表达性需要。这种需要，往往只有在下班以后才可以得到满足。也就是说，女性的爱美之心，往往只能借助职业装以外的服装来体现。

在日常生活中，职业女性的着装常常存在一种内在冲突，因为她们常常被要求在上班的时候穿与职业角色相一致的服装。例如，女医生上班要穿白大褂，女营业员要穿营业场所规定的统一款式的服装，公检法系统的女公务员要穿各自统一配制的服装，女律师上班要穿稳重端庄的服装等。可是，在许多职业女性看来，职业装显得太死板、太单调、太严肃、太没有女人味。因此，一到休闲时间，她们便会换上自己中意的服装，尽情表现自己的女性之美。

面对职业服装的工具性与女性服装的表达性之间的冲突，不同的女性有着不同的态度。第一类职业女性不满于职业装对女性气质的压抑，千方百计对职业装进行某种形式的改造，要求职业装也要具备表达女性气质的功能。例如，将职业装的腰改小，以凸显女性的线条（表达性需要）。不仅如此，她们在下班以后，有着强烈的补偿冲动，借助表达性服装来释放自己被压抑的表现需求。

第二类职业女性则把服装的工具性看得比表达性更重，她们认为女性的表达性要服从职业的需求。这类女性通常有很强的事业心和独立性格，并把事业成功看作是女性自立的基础。对她们来说，职业装不但上班可以穿，而且下班也可以穿，没有必要刻意凸显和表现女性的自然特点。

第三类职业女性则介于上述两类之间。她们既不会对职业装不满，也有借助其他服装进行表达的需求。但是，在她们那里，职业装和表达性服装是有时间边界的，二者存在于不同的时间（工作和休闲），相互间"井水不犯河水"。

职业女性身上的工具性服装与表达性服装的对立，也同年龄有密切关系。越是年轻的女性，越有表现自己女性气质的愿望，因此赋予服装的表达性功能就越强，对工具性服装的抵触可能就越大。相反，年龄越大的女性，借助服装来表达女性气质的愿望相对来说越小，因而对工具性服装的抵触可能也越小。

职业女性身上的工具性服装与表达性服装的对立，还同职业的性质相关。一般来说，职业有"前台"和"后台"、"交往性"和"独立性"等区分。那些需要接触顾客的职业角色，如餐馆和酒店的服务员、飞机上的空姐、医院的护士、公司的秘书、律师事务所的律师等，都属于"前台"和"交往性"（与顾客的交往互动）的职业。由于这些职业角色事关公司或企业的形象，因而往往要求职员着统一的职业装，同时着装管理也比较严格。而那些在"后台"或"独立性"的职业，对职业装的要求则相对比较简单。当然，"后台"的职业角色是否要求穿统一的职业装，不同的企业和工作场所有着不同的规定。例如，在星级酒店，即使是"后台"的清洁工和厨师，也要求身穿统一的职业装。

二、修饰本能分析

服装美的基础是人体美，但服装不是简单地随顺人体的辅助要素，人体着装后的美不在服装，也不在人体，而是在两者之间找到一种和谐共融的关系，即着装后的人体美超越单独的服装与人体。服装设计对人体的展示有三种方法：第一种是强化，通过突出或强调人体的优势部位，强化美感的视线，从而忽略有缺陷的部位；第二种是弥补缺陷，即利用服装遮掩人体缺陷，如大腿比较粗的人，可以通过宽松的长款上衣或者大腿肥小腿收缩的裤装来修饰大腿部位，以达到遮掩人体缺陷的目的；第三种是塑造，通过服装结构调整人体缺陷，倾向于人们的审美理想，重新塑造人体。

（一）整体修饰

1. 显高的设计

在服装结构的处理过程中，为使着装后的人体显得高些，必须诱导目光作上下移动。斜线相对垂线更有长度感，能拉长整体高度，服装的长度要有限度，不能一味地追求长，那样反而会把身高压得更低。上衣的长度很容易影响身高，适当抬高腰节线的位置，能使下身看起来修长一些，从而给人以高的印象，注意不要在人体正中位置上确定长度，上下一样的长度比例会给人一种拦腰截断的感觉，尽量少用横向分割线，如肩育克、裙腰育克、裤腰育克等。腰带的宽度直接影响着身高的视觉效果，因而要避免使用过宽的腰带以及对比性过强的东西，如图5-2-8所示。这是因为横向分割与上下对比，将身材一分为二，在减少纵向高度的同时还增加了横向宽度，同时，因为视错也容易使人们对原本是线的概念，转化为横向面的概念。在色彩的使用中，柔和明亮的色彩由于膨胀感，可使物体看起来比实际体积大，上下装的颜色对比不要过于强烈，尽量使用同色的面料，上下的一致性容易产生延续感，使人看起来显高。横条服装能拉长服装的修长感，横条宽在3cm左右最为合适，过细的横条显得杂乱，过宽的横条则会有膨胀感。

2. 显矮的设计

高挑的体型是大部分人的追求目标，但过分高瘦的体型难免给人刻板且难以亲近的感觉，为使着装后的人体显得矮些，可以在胸部、腰部等部位适当添加一些横向线条，如腰节分割线、系腰带等，如图5-2-9所示。在胸围位置设计横向分割线，在肩部设计育克，在袖口加克夫等，加上适合的口袋、饰带，将顺畅的视线加以阻断，同时横向诱导目光，增加横向切割的运动趋势，产生高度降低的效果，深而圆的领子、大肥袖等也会产生同样的效果。通过抽褶、压褶裥、加波形褶边或重叠使用面料等，利用视错在增加横向宽度的同时减少纵向高度。色彩的使用上，可增加上下装的对比度，或在同一服装中使用几种高对比度的颜色，将原本连贯的形体分为多个块面，从而减少视觉上的高度感。

图5-2-8　乔治斯·荷拜卡（Georges Hobeika）
2017春夏高级定制

图5-2-9　Y/Project 2022春夏高级定制

3. 显宽的设计

由于视错觉的影响，降低服装高度的同时也会增加服装的横向宽度，因此，针对改变人体高度的部分设计同样适用于改变人体宽度，如在服装上使用能够引起目光做横向运动的线条或使用宽的腰带等。一些能够增加服装量感的设计，如抽褶、打褶裥或重叠使用面料等，都能够增加服装体积的设计，如宽大的袖子、泡泡袖、大蝴蝶结及分量特别重的荡褶、大余量的展摆等，均可以起到增加宽度的效果。在色彩上，可增加上下装颜色的对比度，规则的格子、有强烈对比感的条纹等，都可以引导人的视线向左右运动，达到增加宽度的目的。在服装材质的选取上，具有厚重感的毛呢织物、粗线织物、皮草等材料都可以增加服装体积。如图5-2-10所示，采用粗呢织物的蝙蝠衫造型，使着装后的人体显宽。

4. 显窄的设计

如图5-2-11所示，分割线条的使用有利于减少着装后人体的宽度，结构处理上尽量避开显眼的横向切割线，以及能造成体积增大印象的细部处理，如抽褶、打褶裥等，不使用粗糙质感的面料和有光泽的面料，以避免外形产生扩张感，吸光面料能吸收光线而产生收缩感，有利于减少横向宽度。服装的松量以便于人体活动为宜，过于宽松的服装也会产生体积扩张感。色彩上尽量使用深色，因高明度的颜色具有扩张感，会增加着装后的人体宽度。图案上适合选择中等或小型的花纹，不宜采用大花图案，图案的位置不应遍布全身，以免产生杂乱无序感，从而引导目光作四面八方的运动，更加强调了宽度感，适宜采用能吸引目光在人体中间部位聚焦的图案，如卡通头像、字母、花卉等。

图5-2-10 萨卡伊（Sacai）2020秋冬高级定制

图5-2-11 爱马仕（Hermes）2019春夏高级定制

（二）局部修饰

1. 肩宽臀窄

肩宽臀窄对于男性来说，这是最标准、最健美的体型。然而，对于女性来说，这并不是一种优美的体型，因为在宽肩的衬托下臀部与大腿相形见绌，使上身有一种沉重感，给人下短上长的感觉。如图5-2-12所示，采用泡泡袖结构，加宽肩部廓型，腰部收紧。设计中可采用大V领或汤匙领，拉伸纵向视觉长度。可采用插肩袖、连身袖结构模糊肩部线条，可在胸前佩戴一个醒目的胸针，或利用长款项链和围巾等长款饰物在颈间制造出"V"字形，从而在体形中间形成聚焦点，在视觉上达到削肩效果。此外，将腰线放低有助于整体重心下移，可以分散人们对肩部过宽的注意力。下身可选择色彩鲜明、图案清晰的面料，结构上可采用抽褶、压褶、面料多层叠加等方式来增加下半身的体积感，平衡过宽的肩部比例，塑造臀部的丰满饱和感。A字裙、圆裙、塔裙都可以模糊臀部本身的线条。裙长不可以太长，最好在膝盖以上。

2. 肩窄臀宽

这种体型即通常所说的A型体，从正面看上窄下宽，给人的感觉是重量大部分集中于下半身。设计中可选用泡泡袖、羊腿袖结构，以加宽肩部视觉，适当加入垫肩，重塑肩部形体，下身则应尽量采用合体的结构。适当抬高腰线，腰部的处理不宜收紧，稍宽松的腰部尺寸有利于降低与臀部的对比，起到视觉上减少臀宽的目的。下身可选用线条柔和、质地厚薄均匀、色彩纯实偏深的长裙，上下身服饰色彩反差不宜过小，并扎上一条窄的皮带，避免视线下移，营造视觉体型上匀称的效果，或者下裙用较暗、色调单一的色彩，配以色彩明亮、鲜艳的有膨胀感的上衣，能够达到收缩臀部而扩大肩部的视错效果。

3. 胸部丰满

这种体型很容易给人上半身壮壮的感觉，因此服装松量的设计不宜太小，不宜采用太过鲜亮的颜色，适当增加衣长，将腰线放低有助于整体重心下移，上身采用柔和的浅色，下身采用高明度或具扩张感的鲜艳色彩，以颜色的重量感平衡上下身的体积感。小领子、胸部加入过多细节和装饰的设计都会突出上身的体积感，适宜选择深V领结构，收缩上身横向宽度的同时，打造性感效果，如图5-2-13所示。

4. 胸部扁平

这种体型的胸部设计不宜过于合体，前襟可采用有丰胸效果的垂坠皱褶或荡领结构，上衣可采用多层次的设计，如在门襟部位加入荷叶边等装饰，以增加上身的体积感。荡领、荷叶边领能增加胸部量感，使胸部看起来比较丰满，如图5-2-14所示。

图5-2-12 亚历山大·福提（Alexandre Vauthier）
2019春夏高级定制

5. 腰粗

这种体型的人从正面看体侧边缘曲线起伏不明显，通常腹部凸起，在服装款式上应尽量制造腰线，在视觉上产生较圆润的 X 型的错觉，使体型线条纤细。

6. 背凸

拥有背凸体型特征的人通常胸部、臀部较为扁平，腹部凸起，过于修身合体的结构只会暴露体型上的缺陷。设计时，可将肩部形态扩大，并向下逐步递减和弱化后背部的视觉效果，腰部不宜收紧，以免内陷的后腰与凸出的背部反差过大，强化背部缺陷。随意的荡领、蝙蝠袖、在门襟部位加入荷叶边等装饰不仅可以增加胸部体积感，还可以吸引视线，让人忽略凸出的背部和腹部线条。下装宜采用抽褶、压褶等结构，塑造臀部的丰满饱和感。

7. 肩斜

这种体型的人因双肩斜度较大，穿上正常服装容易两肩部位向下倾斜，视觉上给人一种不稳定的感觉。设计中可在肩部加入垫肩，如图 5-2-15 所示。或在肩头处打些褶裥，或采用层层叠叠的荷叶边等结构，以增加肩部的纵向高度，忌采用插肩袖、连身袖等结构。

图 5-2-13 阿德达舍（A Dètacher）2017秋冬高级定制

图 5-2-14 迈宝瑞（Mulberry）2017春夏高级定制

图 5-2-15 哲学（Philosphy di lorenzo Serafini）2020秋冬高级定制

1.简述着装时人因心理的类别及其含义。

2.简述知觉人因心理的定义及其对服装的影响。

3.简述知觉组织原则的类别，并举例说明其在服装上的应用。

4.分析影响消费者购买服装的因素。

5.分析通过哪些手法修饰人体美感。

第六章

服装舒适卫生与人因工程

课题名称： 服装舒适卫生与人因工程

课题内容： 1. 服装穿着舒适性人因分析

2. 服装安全人因分析

课题时间： 2 课时

教学目标： 1. 掌握服装舒适性定义。

2. 掌握服装舒适性分类。

3. 理解服装舒适性人因分析方法及内容。

4. 了解服装的安全性能及卫生保健性能。

教学重点： 服装舒适性分类；服装舒适性人因分析

教学方法： 线上线下混合教学

服装人因工程学是一门研究服装设计学、服装结构学、服装卫生学、生理学、心理学、人体解剖学等的交叉学科，其目的之一就是通过服装人因工程学研究设计出使服装穿着者感觉着装舒适的服装。生理学研究表明，当人体处于舒适状态时，其生活质量和工作效率都高于非舒适状态。因此，服装舒适性研究是服装人因工程学研究的一部分重要内容。

第一节　服装穿着舒适性人因分析

一、服装的舒适性

服装舒适性的研究可以追溯到第二次世界大战期间，多年来，国内外许多学者对服装舒适性进行了大量的探索与研究。经过几十年的发展，其研究成果已经广泛应用到日常用服装、运动服、防护服、航天服等不同领域的服装设计与制作中。随着研究的深入，人们已逐步认识到人体—服装—环境是一个不可分割的系统，它们与服装舒适性有着密切的关系，三者相互依存、相互制约、相互补偿。

（一）什么是服装舒适性

目前，舒适是一个难以定义且模糊的概念，很多研究人员从不同的角度对舒适性作了定义和解释。美国著名服装舒适性研究专家霍利斯（N.R.S.Hollies）等人提出了静止或休息的舒适标准，该标准从人体生理需求出发，是相对比较全面的一个定义，但也存在一些不足，如舒适感还应包含其他方面的内容。后来霍利斯（N.R.S.Hollies）等人在总结前人研究成果时发现，人的舒适感包含热与非热两种成分。斯莱特（Slater）对舒适感的定义是人与环境间生理、心理及其物理协调的一种愉悦状态。斯莱特（Slater）认识到了环境对于舒适性的重要性并定义了生理舒适性、心理舒适性和物理舒适性三种类型的舒适性。生理舒适性与人体维持生命的能力相关；心理舒适性指大脑在外部帮助下满意地保持其自身功能的能力；物理舒适性则是外界环境对人体的作用。

总的来说，服装的舒适性是指人体—服装—环境交互作用后，从人因角度出发，穿着服装时所产生的生理舒适感、心理愉悦感和社会文化方面的自我实现、自我满足感。也就是说，服装舒适性是一种综合体验。

（二）服装舒适性的分类

服装舒适性主要分为以下四类。

1. 服装热湿舒适性

服装热湿舒适性，指在人体—服装—环境系统中，人体在不同的环境下，通过穿着服装调节人与环境的热湿交换，增强了人体对冷热环境的适应性，达到系统热湿平衡的状态，保持人体热度与湿度舒适的状态。服装热湿舒适性的影响因素包括服装材料的热湿传递性能、服装的款式和结构以及人体所处的生理、心理状态。

2. 服装接触舒适性

服装接触舒适性，指面料和人体接触过程中产生的各种感官刺激，包含服装材料对人体皮肤的力学刺激引发的触觉舒适性和服装与皮肤接触瞬间产生的热湿舒适感（如粗糙或柔软的布，身体与面料接触过程中产生的冷或暖的感受，是否易产生刺痛感、静电、瘙痒感等）。

3. 服装穿着舒适性

服装穿着舒适性，指穿着过程中的灵活自由度，运动灵活，能够提供合适的服装压力，具有良好的适体性（良好的伸展性和轻重量）。穿着舒适性的研究主要是对服装结构的研究，根据人因工程学对服装的款式结构进行改进，提高其穿着舒适性。

4. 服装美观舒适性

服装美观舒适性，指服装的艺术性，人穿着服装时视觉的舒适感，对着装者的社会需求、生活需求的心理满足感。

二、服装的热湿舒适性

（一）服装热湿舒适性定义

随着时代的发展，服装的作用也逐渐发生变化，从前人们为了取暖和遮羞而开始穿着服装，一直到今天，服装可以起到消暑、保暖、防护、美观、装饰、社会象征等作用，服装成为人类社会生存的必需品。

其中消暑、保暖等作用是指服装在人体—服装—环境系统中能够使人体保持恒温，维持人体的热湿平衡，也就是服装的热湿舒适性能。

（二）服装热湿舒适性研究内容

舒适性研究的重要组成部分是热湿舒适性的研究，它把人、服装与环境三者作为一个系统，以探讨人自身产生热量与人体通过服装向环境散失热量之间能量交换的平衡问题（图6-1-1）。

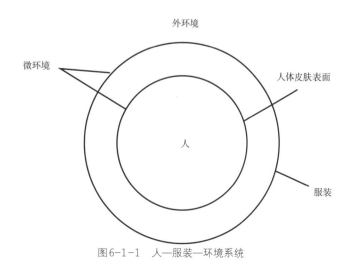

图6-1-1　人—服装—环境系统

在人、服装、环境三者之间的复杂的热交换过程中，服装在人体皮肤和环境之间既有热阻作用，又有导热作用。导热由人体向周围环境散热或从周围环境中得到热量。人体与环境之间的热量交换包括两个部分：一部分是由于环境间的"温度差"（显热 Sensible heat）所引起的热量交换，另一部分是由于环境间蒸汽压力或水蒸气含量差（潜热 Latent heat）所引起的身体能量交换。这两部分热量之和就是人体的新陈代谢热量，通常用单位 J/m² · h 来表示。人体在静止且清醒条件下相应的代谢量约为 4.184×50 kJ/（m² · h），又叫 1 迈特（Met）。产热量的多少与人体活动量的大小有关。

人体在产生辐射热的同时又以各种方式将这些热量散失到体外，从而保持人的动态热平衡，保持恒定的体温。如果人在炎热的夏天或激烈运动之后，人的代谢产热不能及时散去，那么，在 1 小时内体温将升高 1.8℃，这个后果是可想而知的。从人体流向环境的热量，或从环境流向人体的热量有几种主要途径：传导、对流、辐射和蒸发。服装作为人体和环境的桥梁，维持着人体微环境的温度和湿度，从而使人体处于舒适状态（图 6-1-2）。

图 6-1-2　人体与环境热量交换的途径

作为一种主观感觉，服装热湿舒适感对人的日常生活和工作影响很大，在整个服装舒适性研究领域中，热湿舒适性是最基本、最核心的问题，国内外学者对热湿舒适性的研究也最为广泛，其一直是现代服装科技领域的前沿研究课题。

（三）服装热湿舒适性人因分析

服装的款式结构、服装面料的导热导湿等物理性能、穿着服装的层数、环境因素等会影响人体与环境之间的热量交流，从而影响穿着服装的热湿舒适性。

1. 服装的款式结构

服装的款式结构千变万化，其中有三个方面的结构设计对服装的热湿舒适性有较大影响，分别是服装覆盖人体的面积、服装开口的大小及开口的形式以及服装的放松量大小。

服装覆盖人体的面积影响服装的热湿舒适性，如服装款式是长袖还是短袖、长裤还是短裤等，反过来讲就是穿着的服装使人体裸露的面积大小，如短袖将胳膊直接暴露在空气中，没有了服装的阻碍，人体皮肤热量散失速度加快。

服装开口的大小及开口的形式，如衣服是否有门襟、袖口是否封紧、衣身有没有开口等。服装设计时会进行开口设计，一方面是为了方便穿脱，如门襟、领口、裤腰等开口设计；一方面是为了方便散热或者防止热量流失，如夏季服装开大领口、设计无袖服装、腋下设置开口等方便热量散失，冬天服装将门襟、领口等处设置魔术粘扣，起到密闭作用，减少热量散失；还有一方面就是为了美观，如女士礼服中的低胸 V 领、露背装设计等（图 6-1-3）。

通常情况下，上下开口的服装散热效果更好，主要是因为其利于空气流通，有利于对流散热，如穿着连衣裙要比穿着长裤凉快，穿着阔腿裤要比缩腿裤凉快（图 6-1-4）。

图6-1-3 同款服装的长袖与短袖

图6-1-4 裙子、阔腿裤、缩腿裤的比较

最后是服装的放松量大小，如是贴身服装还是宽松服装、宽松度有多大等。在面料密闭性好、紧闭服装开口的情况下，即形成了密闭的微气候，衣下静止空气层厚度越大，对热量流失的阻碍作用越大，即热阻越大。系腰带时减少了空气的上下流通，形成衣下静止空气层，从而起到很好的保暖作用（图6-1-5）。

图6-1-5 登山服

2. 穿着服装的层数及重量

影响服装热湿舒适性的第二方面是穿着服装的层数及重量。

重量的增加是由于厚度或层数的增加导致的，穿着服装的层数多则增加了衣下微气候层数，即增加了衣下静止空气层的层数，有利于阻碍热量及湿气的散失。

例如秋冬季节单穿一条裤子时，空气流通顺畅，会很冷，增加一条秋裤就可以很好地起到保暖作用；再如冬天穿外套时，里面一定要穿内衣，才能起到保暖作用（图6-1-6）。

图6-1-6 冬季多层服装叠搭保暖

3. 服装面料性能

服装的热湿舒适性主要受服装面料的吸湿性、透气性、含气性、保温性等性能影响。良好的吸湿性可以使人穿着时感到舒适，及时吸附人体排出的汗液，调节体温。透气性是调节人体舒适感的性能，与人体健康密切相关。气孔的大小和有无，关系到服装材料的透气性、热传导性、湿润性和静止空气含量等，进而影响到服装的热湿舒适性能。

4. 环境因素

环境因素对服装舒适性的影响，主要体现在两个方面，即自然环境和社会环境。其中自然环境是指气温、湿度、气流、辐射等几个方面。人体与周围环境之间通过传导、对流、辐射和蒸发等方式进行着热交换，同样的服装在不同的气候条件下穿着，热湿舒适性是相差很大的。社会环境是指不同的风俗民情、文化氛围对服装舒适性的影响，只有穿着符合社会环境下趋势要求的服装才会真正舒适。

三、服装的接触舒适性

（一）服装接触舒适性定义

服装接触舒适性，指面料和人体接触过程中产生的各种感官刺激，包含服装材料对人体皮肤的力学刺激引发的触觉舒适性和服装与皮肤接触瞬间产生的热湿舒适感。服装的感官舒适性包括织物的手感、接触的冷暖感、黏体感、刺痒感等（如粗糙或柔软的布，身体与面料接触过程中产生的冷或暖的感受，是否易产生刺痛感、静电、瘙痒感等）。

（二）服装的接触舒适性研究内容

1. 织物的手感

服装的接触舒适性研究主要是指织物的手感研究，也就是织物的风格。织物手感历来是评价织物质量的重要方法。从纺织品贸易市场来看，织物手感是纺织品内在品质的反映，是服装面料设计的基础，纺织贸易交易的衡量标准，也影响着消费者对纺织品的偏爱程度。手感是一个包含物理、生理、心理因素的概念，是织物的物理性能通过手的感触所引起的生理及心理的综合反应。鉴于对手感不同的理解，各国学者围绕织物手感的精确评价做了很多研究，各具特色。

织物风格是人的感觉器官对织物所作的综合评价，它是织物所固有的物理机械性能作用于人的感觉器官所产生的综合效应，是一种受物理、生理和心理因素共同作用而得到的评价结果。狭义的织物风格研究内容主要是织物的粗糙与光滑、柔软与硬挺、弹性好坏、轻重、厚薄、丰满与板结等，与织物在低应力下的力学性能密切相关。广义的织物风格不仅包括受物理因素影响的风格即仅考虑触感来评价的织物风格，还包括受生理、心理因素影响的风格即从触觉、视觉、听觉多方面综合评价的风格，如视觉风格（织物的色彩、图案、光泽、纹理等），对人的生理、心理产生的一种综合效应。

2. 接触冷暖感

人体与服装发生接触时，由于二者的温度不同和热量转移，接触部位的皮肤的温度会上升或下降。

这种温度变化经神经传递给大脑，形成一定的冷暖判断和知觉反应，这种知觉反应就是接触冷暖感。织物的导热性能、织物与皮肤接触的面积和温差、织物纤维成分、含湿量、本身的热学属性、表面结构和皮肤温度波动等都对接触冷暖感觉的判断存在较大影响。衣料与皮肤之间的温度差是产生接触冷暖感的前提条件，从人的适应能力上讲，如果温度高于或低于舒适皮肤温度达4.5℃时，就会产生冷暖感。当织物结构致密、表面光洁时，它与皮肤之间的接触面积大，传热面积大，所以容易使人产生冷感。当织物表面粗糙、毛羽多时，其与皮肤之间的接触面积小，且中间的空气多，热阻大，则容易产生暖感。从织物类别上讲，针织物的冷感一般小于机织物。由于水分的导热系数很高，一般来说，回潮率高的服装容易形成冷感。

3. 刺痒感

织物的刺痒感在很大程度上影响消费者的采购态度。因此，探讨刺痒感产生的机理是十分必要的。影响织物刺痒感的主要因素是织物表面突出纤维的性状。纤维直径、毛羽长度和抗弯刚度是影响纤维性状的重要因素。纤维的直径和长度影响纤维的弯曲刚度。纤维的弯曲刚度直接决定纤维对皮肤表面的刺扎作用。刺痒感产生的主要原因是织物表面的毛羽对皮肤的机械刺扎引起的。

织物对人体的机械刺激，如挤、压、摩擦和刺等，会使人有刺痛或刺痒之感。最初人们贴身穿着羊毛织物时，产生的犹如很多细丝刺扎的不适感觉，认为是人体对羊毛的过敏反应。但澳大利亚Monash大学和CSIRO（澳大利亚联邦科学与工业研究组织）分部的研究人员通过对比实验研究得出，绝大多数的刺痒并不是过敏反应引起的，而是由于织物上突出于织物表面的纤维对皮肤的机械刺激所致。在这种刺激下，人们不由自主地去抓挠，导致皮肤发红、发肿甚至引起发炎。

针对苎麻织物，生产厂商一般采用软化织物提高织物柔软度或最大限度降低织物表面的毛羽。减少毛羽数量和毛羽长度的方法有：烧毛、剪毛、毛羽倒伏、上胶、包缠纱等。柔软织物的方法有：用碱或液氨变性处理、稀无机酸减量处理、水洗、砂洗等。最近普遍采用柔软剂处理，即纤维素酶处理，主要是增加纤维表面的光滑性，钝化毛羽头端。

4. 黏体感

由于外界高温高湿环境或者由于人体运动的影响，造成生理上出汗，而随着汗量的不断增加，织物与皮肤之间发生了细微的力学接触，使其接触时的表面摩擦力发生显著变化，皮肤紧贴人体，使人感到强烈的不舒适感，即黏体感。研究表明，织物的黏体感和织物与皮肤间的局部动态湿积聚有关，即与一定的湿度水平有关。而纤维类别、织物表面性能等会影响这种动态湿积聚，进而出现一定程度的黏体感。织物黏体感受织物的克重、厚度、纱线细度、拉伸性能、表面粗糙度、织物的吸湿性、散湿性、热阻的影响。

简单来说，服装织物在湿状态下，会黏附在皮肤上，这种黏附现象所产生的感觉被称为黏附感或湿感。

在高温高湿的夏季里，即使微小的运动，也会引起出汗量的增加，如果人体的汗气和汗液不能顺利地通过织物，就会导致人体皮肤与服装间的微气候中湿度增大，人体皮肤表面被水分包裹。而随着皮肤与服装接触面积的增加，如果汗液充满织物，挤出了纤维和纱线之间空隙处的空气，一方面，人体会觉得更加闷热，另一方面，皮肤与服装的粘贴更加重了人体的不舒适感，而对于夏季面料以及内衣面料来说，与人体接触时的黏体感是湿舒适性评价的一个重要指标，也是夏季面料和开发功能面料的评判依据。

四、服装的压力舒适性

（一）服装压力的定义及分类

服装压力的产生主要有两种形式，一种是由于服装服饰品的重量作用于人体而产生的压力。例如古代女性结婚时穿着的凤冠霞帔、旗装中的旗头、古代战争时士兵穿着的盔甲、欧洲中世纪各国女性的头饰等，这些服装服饰品自身具有较大的重量，穿着时会给人体带来压力。另一种是由于服装面料的伸长变形所导致的束缚压。例如欧洲中世纪女性追求的丰胸细腰，为此而穿着束腰衣；中国封建社会追求女性的小脚美、三寸金莲，为此而裹脚；现代女性为追求细腿而穿着的紧身裤等，穿着这类服装服饰品时都会对人体产生束缚压（图6-1-7、图6-1-8）。

服装压力舒适性是评价服装舒适性的重要指标之一，它对某些医疗保健、运动功能性服装和调整塑身功能性服装而言是最重要的指标。随着人们对服装舒适性的要求日益提高和弹力面料的广泛应用，人们对服装压力舒适性更加关注。

图6-1-7　欧洲中世纪女性的头饰

萨利姆·M.易卜拉欣（Salim M.Ibrahin）最早提出了服装压力的概念，即人穿着服装时，服装垂直作用于人体皮肤表面单位面积上的接触应力被称为服装压力。引起服装压力的成因可被分为三类：由于服装自身重量形成的压力，称为重量压，如上衣的压力集中在肩部，下装主要集中在腰围线上，在防护服、极地防寒服、潜水衣、航天服、婴幼儿服装、老年人服装等设计上，考虑重量压因素显得很重要；由于服装勒紧而产生的压力，被称为束缚压力，如束腹裤、塑形腹带、中国的裹脚、欧洲的紧身胸衣等；由于人体的运动或姿势的变化导致人体体表曲率变化而产生的服装对局部的压力，被称为运动压力或面压，常常发生在肘、膝等部位，从而引起服装膝部或肘部局部起拱。

图6-1-8　中国封建社会时期的
三寸金莲鞋

人在穿着衣服的状态下，产生的服装压力有可能是服装压力的一种，也可能是多种压力的混合。对于人体表面是曲面的部分，可能既包含重量压，也包含束缚压，即存在服装面料的变形产生的张力垂直于人体曲面的分解力和由于服装受重力作用而产生的压力。目前的研究表明，相对于重量压力和运动压力，服装的束缚压力更容易被感知。

按照服装压力变化与时间的关系，服装压力可以被分为静态服装压力与动态服装压力。静态服装压力是指人在静止状态时，由于服装材料的拉伸或重力作用而形成的不随时间变化的服装压力；人在运动状态下，服装压力随时间而变的物理量，被称为动态服装压力。

（二）服装压力对人体的影响

从医疗、人体防护、运动效率和审美观点来看，适度的服装压力是有益的。适当的服装压力会对人体产生有利的影响，早在20世纪60年代，人们就开始利用服装压力治疗烧伤疤痕恢复，后来，服装压力在医疗领域应用得越来越多。如人体通过压力绷带和压力长筒袜等给肢体施加一定的压力，可以治疗和预防静脉曲张，减少血栓。在体育运动中，穿着适度压力的服装不仅对人体有保护作用，还能提高运动工效。举重运动员佩戴束腰，一方面可以支撑脊柱和腰椎，减轻运动负荷，防止运动损伤，防止腰部用力不当而受伤；另一方面还可以给腰以支撑以提高其爆发力，起到相似作用的还有排球、篮球等运动员佩戴的护腕、护膝等（图6-1-9）。游泳运动员穿着的具有一定压力的泳衣，可以一定程度地提高运动成绩，2000年在悉尼奥运会上出现的鲨鱼皮泳装，据说可以减少4%人体在水中的阻力，可以使游泳成绩提高几秒。现代服装中还有很多塑身衣，适当的压力有利于人体塑形，满足审美要求。

图6-1-9 服装压力在运动服装中的应用

当服装压力过大，压迫时间过长，则会对人体产生负面影响，轻则导致血液循环系统、呼吸系统、排泄系统、内分泌系统的异常，重则引起人体骨骼变形、内脏移位、呼吸受限等。过度的服装压力会有害于人体健康，如过度束腰会使人体骨骼变形、内脏移位、呼吸受限，过紧的胸衣会使人肺部受到压迫、呼吸不畅，抑制肠胃消化功能，会明显降低自主神经的活动，导致副交感神经及热调节交感神经活动显著降低，迷走神经系统活动明显降低，心率改变，妨碍呼吸系统的正常工作。18世纪洛可可时代的女性紧身胸衣，严重造成了穿着者胸部、胃部的移位和变形（图6-1-10）；长期穿着高压力裤会影响人体活动、导致心率下降、体温下降等生理反应，严重损害身体健康；封建时期的妇女裹脚会使脚的骨头变形，承重力下降，走路疼痛。

图6-1-10　束身衣

（三）服装压力舒适性人因分析

1. 服装压力与人体表面曲率半径的关系

人体表面由不规则曲面构成，且当人体做出不同姿势时，各部位的曲率半径各不相同，根据Kirk Ibrahim的压力公式（其中T_j表示织物经向拉伸张力；T_w表示织物纬向拉伸张力，R_j表示人体经向曲率半径，R_w表示人体纬向曲率半径）可知，人体各部位的服装压力与曲率半径成反比，曲率半径越小的部位，其压力值越大（图6-1-11）。

Kirk Ibrahim的压力公式：

$$P=\frac{T_j}{R_j}+\frac{T_w}{R_w} \qquad\qquad （6-1-1）$$

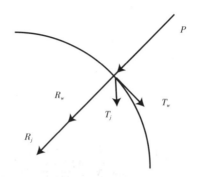

图6-1-11 服装压力与人体表面曲率半径的关系

2. 服装压力与服装面料的延伸性关系

在同样的面料伸长情况下，服装面料的延伸性越大，面料所受到的拉伸力就越小，对人体表面产生的压力也就越小。

例如相同宽松量及面料伸长情况下，针织面料比机织面料对人体表面产生的压力小。故而许多保暖内衣、塑形衣多选择弹力较大（即延伸性较大）的针织面料，这样就可以既能提供足够的压力起到贴身保暖或者塑形的作用，又不会因为压力过大影响人体健康（图6-1-12）。

图6-1-12 保暖内衣、塑形衣

3. 服装压力与人体皮肤变形伸长率的关系

在服装面料延伸性相同的情况下，当服装的局部放松量不能满足相关部位的皮肤伸长的需要时，就会对人体的这些部位产生压力，人体皮肤变形伸长率越大，所需要的放松量就越大，以满足人体的活动要求。

如图6-1-13所示，当做蹬腿动作时，臀部、大腿根部的皮肤会产生较大的变形伸长，在服装松量和面料延伸性相同的情况下，此处的压力最大。

图6-1-13　蹬腿运动

五、服装舒适性人因分析

服装人体工效学研究表明，人体、服装与环境三者是一个有机的整体，相互影响与制约，其作用构成了服装的基本要素。三者之间的综合平衡在一定程度上影响着服装的舒适性能。影响服装舒适性能的因素大致可以分为以下几种。

（一）人体因素

在人体—服装—环境这个系统当中，人是主体，是服装的穿着者，是环境的感知者，着装舒适是人的感觉，是人体在心理、生理和物理等方面的协调。

1. 人的物理状态

物理状态，指的是人的运动与静止状态。人体在静止或轻微活动时，穿着合体或稍紧身的服装可以体现人体的曲线美，修饰人体；而在运动状态时，人体皮肤和骨骼会发生较大形变，因此需要穿着宽松的服装以满足人体运动的需要。

2. 人的生理状态

人是靠新陈代谢来维持生命的，代谢的产物通过皮肤排出体外，服装是人体的"第二肌肤"，通过服装来维持人体在不同环境中的舒适感。而不同年龄、性别、区域、习俗的人自身的生理状态会有所不同，对服装舒适性的要求也会不同，例如老年人的新陈代谢能力要比青年人差，所以老年人更容易怕冷；婴幼儿的皮肤特别娇嫩，容易过敏和引起湿疹，所以婴幼儿服装的舒适等级及安全等级要求更高；不同地区的人对环境的耐受力也不相同，对服装的舒适性要求也就不同。

3. 人的心理状态

人的心理状态受文化、年龄、职业、性别、社会角色的影响。服装是一个客观的物质存在，而不同的人对同一件衣服的主观感受却不同，这种主观意识的差别受到来自家庭、社会、年龄、性别、经历等多方面的影响。因此，不同的人具有不同的心理状态，对服装的态度、审美判断、服装舒适度判断也会有所不同。如有的年轻人群喜欢朋克风格服装，但是大部分老年人则接受不了朋克风格。

（二）服装因素

1. 服装材料因素

与其说服装是人体的"第二肌肤"，还不如说服装材料是人体的第二肌肤来得更为确切，材料不仅影响设计效果，还直接影响人体穿着的舒适感和服用性能。材料的含气性、透气性、透湿性、保暖性及后整理的外观风格均对服装的舒适性产生一定的影响。含气性的大小以含气率来表示，含气率大的材料能充分发挥保温和通气性能。如羊毛产品的保温性之所以优越，是因为毛纱容易织成多空隙的织物结构，在这种状态下，织物内的空气不会引起热的对流，是冬季理想的保暖材料。另外，织物的后整理对服装舒适性能的影响也是不容忽视的。如防静电服装，可以消除或控制人体静电的产生，从而减少制造过程中最主要的静电来源。因此，应根据衣物类型、服用季节及穿着用途来正确选择服装，使服装既美观时尚又具有良好的舒适感。

2. 服装结构因素

服装的宽松与狭窄，款式的长短，开衩部位的多少，衣料的种类、厚薄与层数等，对衣服的散热功能均会产生不同程度的影响，从而使其适应不同冷热季节和环境条件。因此，运用服装人因工程学进行服装结构设计，既可以满足着装人员对服装运动性能的要求，减少运动阻力，提高作业效率，又可以提高着装舒适性。如服装衣下空隙、服装开口、部位结构、服装裸露程度、服装内空气层厚度等。

3. 服装色彩因素

服装直接通过色彩给人造成生理不适感的较少，主要体现在衣物色彩对自然中光与热的反映，实验表明，颜色的吸热比顺序为：黑色>紫色>红色>橙色、绿色>灰色>青色>黄色>白色（其中黑色是白色吸热值的2倍）。可见，在夏季比较适合选择明度较高的浅色服装。在选择色彩时，特别是设计受环境影响较大的工作制服时，如环卫工人、炼钢工人的工作制服等，尤其要考虑色彩的合理选用。在人们的视觉感知接受过程中，服装的色彩信息传递最快，情感表达最深，视觉感觉的冲击最大，而且最具美感诱惑力，同时，对人的心理情绪影响也最为深刻。相同款式、相同面料的服装，由于色彩配合的不同，会产生冷与暖、兴奋与沉静、明快与忧郁、华丽与质朴、轻与重、软与硬的不同感觉，使人们感到不同的心理舒适性。穿着者根据情绪来选择色彩适合的衣服，这为维护与促进人们健康卫生的生理状态提供了有力帮助。

（三）环境因素

环境因素对服装舒适性的影响，主要体现在两个方面，即自然环境和社会环境。其中自然环境指气温、湿度、气流、辐射等几个方面。人体与周围环境之间通过传导、对流、辐射和蒸发等方式进行着热交换，同样的服装在不同的气候条件下穿着，舒适性是相差很大的。社会环境指不同的风俗民情、文化氛围对服装舒适性的影响，只有穿着符合社会环境下趋势要求的服装才会真正舒适。

第二节　服装安全人因分析

服装除了调节好人体与服装之间微环境的温度和湿度、保证微环境在不同的外界气候环境下都保持舒适感外，还可以通过微环境与外界大环境的空气、汗液、物质的交换，及时清洁与排除人体排放的各种分泌物和代谢废物，维护皮肤表面卫生清洁的性能，这也是服装舒适与功能研究必须涉及的内容。卫生保健性能主要包括服装对外界环境中的浮尘、灰土及一些气态物质（化学物质、有害气体、细菌、油污等）的阻隔能力，以及对皮肤自身代谢产生的皮脂、油脂等代谢废物的清除能力，还包括服装对皮肤的刺激、服装材料自身的虫蛀和霉变等。上述性能既影响到人体表面的洁净程度，也影响着人的舒适感和健康状况。

一、服装的卫生与保健性能

（一）面料的污染特性

良好的内衣材料，应能对污物有良好的吸收性。如表6-2-1所示，对于水溶性污物，棉最易吸收，锦纶等合成纤维不易吸收，蚕丝与黏胶居中。对于油污，有研究指出，棉易吸收油污，锦纶、腈纶等次于棉。衣料易脏污的顺序，按纤维排序依次是植物纤维、再生纤维素纤维、动物纤维、合成纤维，按织物组织排序依次是针织物、斜纹织物、平纹织物。

研究表明，粗特纱面料、低捻纱面料、有直立绒毛的面料易污染，人造丝中的短纤维比长纤维容易污染，再生纤维素纤维比天然纤维素纤维易污染。

表6-2-1　面料的污染特性

纤维	织物组织	NH_3量	Cl量	$KMnO_4$量	粗脂肪量
棉	平纹	126	29	22	22
	斜纹	124	30	24	27
	针织	155	37	27	28
黏胶	平纹	120	26	21	22
蚕丝	平纹	52	20	15	19
维纶	平纹	10	10	10	10
	斜纹	15	12	11	10
	针织	18	14	12	11

纤维	织物组织	NH₃量	Cl量	KMnO₄量	粗脂肪量
锦纶	平纹	5	10	9	10
	斜纹	5	10	10	11
	针织	6	11	10	11

注：表内数据是以维纶平纹织物的污染程度为基准值（10），而计算出来的相对值。

利用现代技术生产的服装材料及服装可以起到积极的卫生保健作用。例如抗菌材料的开发应用，目前已有大量天然、有机和无机抗菌材料以及复合型抗菌材料在功能纺织品领域得到应用，并取得了可喜的成绩。与此同时，对于各类抗菌材料的抗菌机理的研究，抗菌材料的生物兼容性、环境友好性，纳米材料的分散性、稳定性、迁移性，以及复合材料之间的稳定性研究，仍有很大的探索空间。未来对于纳米材料性质的研究和协同抗菌材料的研究将成为抗菌领域的主要发展方向。

（二）衣服脏污对舒适、健康的影响

穿着脏污的衣服，会使人体感到不舒适，并且有害于身体健康，尤其是内衣。服装附着脏污后，服装面料的热传导率增大，从而使人体散热量增大，特别是当从事体育活动出汗或登山被雨淋湿衣服时，会使体热散发量增大，若遇到极端天气（如气温骤降、暴雨、大风等），甚至会导致人体失温现象，威胁到人体生命安全（表6-2-2）。

表6-2-2　服装在干、湿态下的体热散发量比较

项目	干态	湿态	湿态/干态
丝针织物	83.0	134.7	1.62
棉针织物	83.0	144.4	1.74
毛针织物	79.8	124.6	1.56

注：表中数据是以裸体时的散热量为基准值（100），而计算的相对值。

服装被脏污后，织物内的皮脂、油脂堆积，会降低服装的性能，如果织物内的空气被污物成分或水分取代，含气率减少，则保温性能下降。吸水性会随着污物的附着显著下降。此外，污物附着在织物表面后会堵住气孔，所以透气性明显下降，影响服装的穿着舒适性（表6-2-3）。

表6-2-3　服装材料污染前后其含气性、透气性的变化

服装材料	性质			
	含气性		透气性	
	含气率（%）	变化率（%）	透气量 [mL/（cm²·s）]	变化率（%）
棉原布	64.2	-3.6	15.44	-43.8
棉污染布	61.9	-3.6	8.69	-43.8

续表

| 服装材料 | 性质 | | | |
| | 含气性 | | 透气性 | |
	含气率（%）	变化率（%）	透气量 [mL/（cm² · s）]	变化率（%）
黏胶原布	72.3	−4.7	116.59	−32.7
黏胶污染布	68.9	−4.7	78.45	−32.7
羊毛原布	70.7	−1.1	102.55	−36.8
羊毛污染布	69.9	−1.1	64.78	−36.8
锦纶原布	48.1	−7.5	4.47	−27.7
锦纶污染布	44.5	−7.5	3.23	−27.7

同时，被脏污的服装会摩擦皮肤、刺激皮肤，并导致服装面料霉菌、细菌、真菌滋生，还会使人体得皮肤病。

二、服装的安全性能

人们穿衣，除了要符合舒适与卫生学的要求以外，还要注意与健康直接有关或间接有关的安全问题。服装的安全问题主要表现在两个方面：一方面是服装本身存在的不安全因素，如易燃性、静电火花、对皮肤的刺激性等；另一方面是外界环境中的非气候因素给人体造成的不安全问题，如机械外力、脏污、微生物、有害气体等。

下面将就燃烧性能、静电等主要安全问题进行讨论。

（一）服装的易燃性

服装材料在一定条件下都能燃烧，但是它们的易燃程度有很大差别。在设计服装和家用纺织品时，应当选择难燃的衣料，尤其是婴幼儿服装、老年人服装和家居服。对于军用服装及某些工种的服装来说，阻燃性能更是具有特别重要的意义。

1. 常见纤维的燃烧性能

纤维材料的燃烧性能可以按照难易程度分为易燃、可燃、难燃和不燃四个等级。天然纤维中，棉、麻比较容易燃烧，而羊毛、蚕丝属于可燃纤维，易燃性低于纤维素纤维。化学纤维中，醋酯纤维、腈纶纤维比较容易燃烧，而涤纶、锦纶、维纶等不易燃烧，氯纶属于难燃纤维。石棉、金属纤维、碳纤维等无机纤维为不燃纤维。

表示纤维及其制品燃烧性能的指标主要有发火点、点燃温度和极限氧指数。点燃温度和发火点分别是材料开始冒烟和开始燃烧时的温度，这两个温度越低，说明材料越易燃。极限氧指数是指材料点燃后在大气中维持燃烧所需要的最低含氧量的体积百分比。极限氧指数实际上是反映了材料维持燃烧时所需耗氧量的多少，燃烧时消耗的氧气量越少，则越易燃；反之，越难燃。

常见材料的点燃温度和极限氧指数如表6-2-4和表6-2-5所示。

表6-2-4　纤维的点燃温度

纤维	点燃温度（℃）	纤维	点燃温度（℃）
棉	400	锦纶6	530
黏胶	420	锦纶66	532
醋酯	475	涤纶	450
三醋酯	540	腈纶	560
羊毛	600	丙纶	570

表6-2-5　织物的极限氧指数

纤维成分	织物的重量（g/m²）	极限氧指数
棉	153	16～17
棉（防火整理）	153	26～30
棉	220	20.1
黏胶	220	19.7
羊毛	237	25.2
锦纶	220	20.1
涤纶	220	20.6
腈纶	220	18.2
维纶	220	19.7
丙纶	220	18.6

2. 阻燃材料

阻燃纤维是近年来服装材料开发的重要方向之一。目前，提高材料阻燃性能的途径主要有两个，一是制造阻燃纤维，二是对纤维进行阻燃整理。阻燃纤维的获得有两种方法，一是以难燃性的聚合物为原料制造纤维，如诺梅克斯、库诺尔、杜勒特等；二是在常见化纤的纺丝液中加入防火剂。

纤维及纺织品的阻燃整理则是采用化学整理剂对现有纤维及其制品进行整理，提高其阻燃性。用于棉的整理剂主要有四羟甲基氯化磷（THPC）、四羟甲基氢氧化磷（THPOH）和N-甲醇基丙酰氨基磷酸二甲酯等。用于涤纶的整理剂主要有卤磷酸酯、磷酸尿素等。

（二）服装的静电

1. 静电现象

服装大多是由纺织纤维构成的。纺织纤维的电阻很大，是良好的电绝缘体。当人体各部分在活动时，由于皮肤与衣服之间以及衣服与衣服之间互相摩擦，会造成电荷转移和积聚。如果在导体上，这种静电荷会很快消失，但在绝缘体上，就会越积越多，产生带电现象。

在高阻抗的材料中，产生电荷是相当普遍的现象。在干燥的环境中穿着服装，穿、脱时要比在正常体位时更易于产生静电。在冬季供暖的屋子里，在正常使用中服装产生的静电放电现象，也会使人们感到烦恼。

静电在纺织加工和纺织品的使用过程中十分普遍，既可以在加工中被利用，也可能造成安全隐患，并影响人体的舒适与卫生。

2. 静电的危害

静电现象对服装的加工、使用和保养都会产生影响，它有时虽然可以为人类所用，但对人体和服装本身带来的一些危害也是很值得关注的。

静电有很强的吸尘作用，容易因吸附灰尘而脏污衣服，既破坏衣服的性能又影响人体的卫生和舒适。静电压高到一定程度时，能产生静电火花，既有可能对人的皮肤造成灼伤，也可能引起燃烧，甚至爆炸。在干燥的环境下，合成纤维可以产生几千伏特的静电压，完全可以引起皮肤发痒、疼痛、轻度灼伤并引发皮肤感染。当室内或工作场地附近的空气中有汽油、乙醚、高浓度氧气或煤气、液化石油气等易燃气体时，可能引起火灾或爆炸。

另外，静电还可以导致衣服与衣服之间、衣服与皮肤之间的黏缠，既影响人体的运动舒适又破坏了服装的造型美感。

3. 静电的消除

现在最成功的解决办法是使用化学方法，瓦尔科及其同事已对这种方法进行了讨论。其主要方法是在纤维表面附着吸湿剂，吸湿能增加织物的含水量，同时又能起到消除静电的效果。这种方法已成功地应用于聚酯纤维的裙子面料中。用与摩擦带电系列属性相反的纤维进行混纺来消除静电的方法还没有被广泛应用，可能是由于目前这一方法还不能令人满意。

除此之外还可以用传导的方法把电荷带走，或中和电荷，避免电荷的产生。与"传导性"的纤维（如棉纤维或人造丝）混纺于干燥的情况下，将不起作用，但纤维素纤维本身的阻抗是高的，在冬季，甚至是穿着棉T恤时，在脱衣服时也会在人的身上产生静电。

三、服装的防护功能

人们在生活及工作中会遇到一些对人体健康和生命安全产生威胁的环境条件，如火灾现场的高热高湿、电磁辐射、生物污染，或者高山、深海、极地等极端环境条件，在这些环境条件下生活和工作需要用到专业防护设备，其中服装就是重要的防护设备之一。

（一）消防服

消防服是消防员在进行火场救援或灭火战斗时穿着的热防护类服装，通常具备很高的阻燃和耐热性能，以避免消防员在灭火战斗中被灼伤和烧伤。消防服作为典型的热防护类服装之一，是保障火场作业人员生命安全必不可少的装备。优良的热防护类服装既要对外界热量有良好的阻隔作用，又要具有一定的热湿传递能力，有利于人体热量释放和汗液蒸发，减少人体新陈代谢热负荷。而在保证必要的热防护性能基础上，适度地提高消防服装的热湿舒适性及穿着舒适性，能够有效地降低热应力，降低其对消防人员生命健康的危害，提高消防人员的作业效率。在满足消防服基本防护性能要求的同时，国内外研究者加大了对消防服热湿舒适性及穿着舒适性的研究，以揭示消防环境、服装、人体系统中的热应力机制，为消防职业安全工作以及消防服舒适性能的研究提供理论指导。因此，随着对热防护要求的提高和热防护技术的发展，热防护服不仅应具有良好的热防护性能和使用性能，也应具有良好的热湿舒适性及穿着舒适性。所以，在保证消防服的热防护性能基础上提高其舒适性能，是一项意义重大的课题。

消防员在进行作业时，不仅会受到来自外部环境的损伤，也会受到来自个体新陈代谢的压力，所以消防服在使用过程中既要阻止外部环境的热量进入服装，又要将新陈代谢产生的热量排到服装外面。消防服的热防护功能性要求将会影响其热湿舒适性及穿着舒适性，使消防人员正常作业的难度增加。基于消防服的特殊功能要求，决定了其必须具有特殊的多层结构。消防服是保护消防员免受外界高热侵袭所穿着的防护装备，是保护消防员在灭火救援中免受伤害的最主要、也是最有效的防护装备。美国、欧盟、中国都建立了各自的灭火防护服标准，如美国的 NFPA 1971《建筑火灾用消防战斗服装标准》、欧盟的 EN469《消防防护服标准》、我国的 GA 10—2014《消防员灭火防护服》标准等。目前，我国使用的消防服结构设计要求是依据《消防员灭火防护服》标准制定的，主要分为4层，依次为外层、防水透气层、隔热层和舒适层。外层由阻燃材料组成，国内通常用的是芳纶纤维，国外常用的是芳纶1313纤维（最早由美国杜邦公司研制成功，并于1967年实现工业化生产，产品注册为 Nomex）、芳纶1414纤维（杜邦公司在20世纪60年代末研制出的另一种高性能合成纤维）、PBI纤维（由美国空气力学材料实验室与Hoechst Celanse 公司合作开发的一种高性能阻燃纤维）、Kermel纤维（20世纪60年代由法国 Rhine Poulenc 公司研究和开发）、PBO纤维等。该层面料必须要具有优良的阻燃性能，以及较强的撕裂强力和耐磨性能，为了使其具备防水性能，一般要进行防水处理。外层面料的里面一层是防水透气层，起作用的是一层 PTFE 膜，它是一种防水透气材料，为了保证足够的强力，通常要将其覆合在纺织面料上。防水透气层可以将穿着者新陈代谢产生的水汽排出去，同时可以阻止液态水进入。此外，防水透气层还具有挡风的作用，从而具有隔热性能，能够减少热流量的渗入。防水透气层的里面是隔热层，通常由立体网眼针织布或者具有储存空气作用的非织造布制作，国内常用面料是间位芳纶/对位芳纶水刺毡等，国外常用面料是 TNX Heat Comfort Barrier、NOMEX/KEVLARNK-AIR等。最里面是舒适层，具有良好的接触舒适性，国内常用面料是芳纶/阻燃黏胶混纺面料，这种面料具有一定的强力、阻燃性且有良好的透气透湿性，国外常用面料是 Nomex/Viscose FR、Wickable。

消防服的服装结构大致可以分为两种：一种是上下连体式，另一种是上下分体式（上衣和裤子）。上下分体式消防服的优点是安全性高、容易活动、不易沾湿、防水性好、耐寒性好、功能和外观好，缺点是散热性差，体热不易排出、造价高、衣体重；上下连体式消防服的优点是散热性高，体热容易排出、造价低，缺点是安全性差、活动不便、衣体重。

1. 国内现役消防服存在的问题

在消防员战斗救援过程中，随着消防战士身体新陈代谢所产生的能量和外部环境产生的热量影响，消防服内部会积累大量的热量。而当环境温度高于35℃时，汗液蒸发是使人体皮肤温度降低的唯一途径。但是，若服装透湿性较差，其内部热量不能及时有效地散发，就会导致消防员承受巨大的热荷载，进而使消防服舒适性大幅下降，更甚者会出现过热反应。受热应力的影响，人体可能表现出大量出汗、体温升高、心率加速等热应激效应（Heat strain），情况严重时，甚至会表现出恶心、头晕、判断力下降等热症状，从而威胁到消防员生命健康，并影响其作业效率。黄冬梅等对来自国内的25个省份的1164名消防员进行了问卷调查，发现大概有86.90%的消防员在火场作业过程中出现过热反应，而其中49.41%的消防员发生过热晕厥，其中中暑的占40.42%。

消防服作为消防员工作过程中保护自身的载体，有着至关重要的作用。但是，作为功能用服装，消防服装对热的防护作用总是第一位的，其热舒适性能往往滞后于其热防护性能的发展，国内现役消防服普遍存在过重、过热、不舒适的问题。因此，近年来已经有越来越多的学者将研究重点放在了消防服装的舒适性能上。

2. 国外消防服发展现状及发展趋势

消防服的发展主要围绕着两个方面进行：一方面，高科技高性能材料使服装本身具有较高的抵挡外界热量侵入人身体的能力；另一方面，消防服的多层复合结构以及款式设计，较大程度地降低了作业过程中服装带来的种种负面荷载。国外对消防服进行舒适性能改进主要从结构设计、功能设计、重量三个方面入手。首先，从消防服结构设计上改善，在符合人体工效学的基础上，对消防服的结构、细节进行合理改进，改善了消防服的合体性、穿着舒适性、灵活性，并大大减轻了消防服的重量。例如美国新型消防服 Ergotech Action（图6-2-1），它是由两片结构组成的整套消防服装，细节上的设计提高了穿用灵活性和个人防护水平。它有着高耸丰盈的袖套，并增加了腋下的布料，后肩部增加活褶以提升灵活性和舒适性。裤子在膝盖前后有凸出的铰接，当穿着者弯曲腿、爬、匍匐时，能感到非常灵活舒适。功能设计为提高消防员的作战效率、保证消防员的生命安全提供了保障。灭火消防服为方便消防员进行技术救援设计了放置手电筒的襻带、无线电收音机口袋、肩部救援环，有的还设计了阻力救援设备（DRD），用来协助检索俯卧和受伤的队员，例如美国新型消防服 NFPA USA（图6-2-2）。美国消防服追求更加轻盈，以提高活动灵便性，例如XFlex（图6-2-3）是美国轻量级消防战斗服中的最新剪影。XFlex有独特的运动风格，适用于救火过程中的各种危险作业。它通过织物的组合设计以减轻重量，达到最优性能。

图6-2-1　Ergotech Action产品形象

图6-2-2　NFPA USA产品形象

图6-2-3　XFlex产品形象

随着科学技术的不断进步，各种高性能的阻燃纤维和阻燃整理技术不断涌现，为灭火消防服提供了更好的原料，未来灭火消防服将向着防护等级更高、材料更轻薄、防护性能更加稳定的方向发展。同时，灭火消防服的设计将更加合理和多样化，总而言之，未来的灭火消防服将更加安全、舒适、美观、大方。

灭火消防服产品在技术和功能的创新发展上，一方面可以在国际先进的原材料上进行深度开发，如传感面料、智能面料、3D纺织等先进技术的应用。例如，将相变材料、纳米技术和微电子技术等应用到灭火消防服中，使其变得智能化。在灭火消防服中加入微电子系统，能够实时地反馈消防人员所处的环境状况，实现自我调节。纳米技术的应用不仅提高了灭火消防服的防护性能，还使其具有识别功能、隐身功能、治疗功能等特殊作用。3D纺织技术的应用，减少了接缝处可能存在的不安全因素，提高了灭火消防服的个人防护水平。同时，我们也期待国内原材料行业能够缩短与国际先进水平的差距，从而使最新科技成果能够以最小成本应用在消防行业中。在灭火消防服的未来设计改善过程中应该遵循行动合体设计、快速行动、保护行动、行动持久性这四大原则，使其能有效地提高消防人员的作战效率，并极大提高灭火消防服的个人防护水平。

（二）防辐射服装

1. 电磁辐射

高科技产品的日益普及，给人们的生活和工作带来了便利，但由这些产品造成的电磁辐射已成为继水污染、空气污染和噪声污染之后的第四大环境污染，它不仅会对广播电视等通信设备产生干扰，还会影响人体健康，人体长期暴露在电磁辐射环境中，神经系统、心血管系统、内分泌系统、生殖系统、免疫系统等都会受到不同程度的伤害。

生活中的电磁辐射源有两大类，一类是自然电磁辐射，也就是天然型电磁辐射源（图6-2-4），主要来自地球大气层中的雷电、火山爆发、地震、太阳黑子活动引起的磁暴、宇宙射线、天体放电、地球磁场辐射和地球热辐射等；另一类是环境电磁辐射，即人工型电磁辐射源（图6-2-5），主要来自发射台、高压电、雷达站、微波用具、电视机、无线电等工业和生活中所用的电子设备。广播、电视发射设备的辐射功率很大，一个发射塔上一般有几个电台或电视频道的发射天线，总的辐射功率达几十到几百千瓦，是城市中最主要的电磁辐射源。

图6-2-4　天然型电磁辐射源

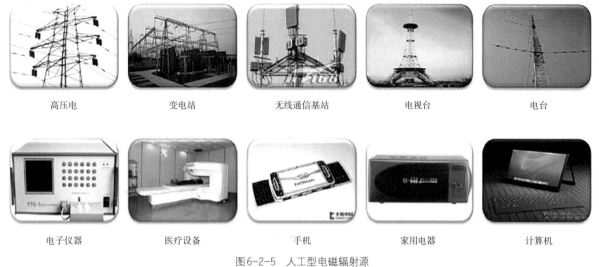

| 高压电 | 变电站 | 无线通信基站 | 电视台 | 电台 |
| 电子仪器 | 医疗设备 | 手机 | 家用电器 | 计算机 |

图6-2-5　人工型电磁辐射源

电磁辐射是能量以电磁波形式由发射源发射到空间的现象，或能量以电磁波形式在空间传播。在辐射的作用下，组成物质的粒子受到激发而变得不稳定，如高分子材料中的分子链会发生断裂和交联。辐射对材料、人体都具有破坏作用，在各种射线、高能粒子流、原子能、放射性同位素等领域，相关材料、设备，包括服装，都应该具备良好的防辐射能力。

2. 电磁辐射对人体的损害

电磁辐射对人体的损害主要有三种，即热反应、非热反应和自由基连锁反应。人体70%以上是水，水分子受到电磁波辐射后相互摩擦，引起机体升温，从而影响到体内器官的正常工作，即热反应。人体的器官和组织也存在着微弱的电磁场，它们是稳定而有序的，一旦受到外界电磁场的干扰，处于平衡状态的微弱电磁场将遭到破坏，人体会受到不同程度的损伤，即非热反应。过量的辐射使人体产生更多的自由基，引起连锁反应，损害人体正常细胞、组织、器官，这个过程就是自由基连锁反应，也称氧化应激。

3. 防辐射纤维

服装的防辐射能力主要来自纤维材料（图6-2-6）。防辐射纤维有两种类型：一种是纤维本身具备抗辐射能力，即所谓的耐辐射纤维，如聚酰亚胺纤维；另一种是复合型防辐射纤维，通过往纤维中添加防辐射化合物或元素使该纤维具有耐辐射能力。

聚酰亚胺纤维是美国于20世纪60年代开发成功的，其大分子链全部由芳香环组成，芳环中的碳和氧以双键结合，结合能很高。当辐射线作用于聚酰亚胺纤维时，大分子所吸收的辐射能不能打开分子链中的共价键，只能以热能方式被排走。正是这种分子结构决定了该纤维的高抗辐射性能，同时使该纤维具备了很好的耐热性和力学性能。

复合型防辐射纤维中所添加的防辐射剂，有重元素和具有大吸收截面的元素及其化合物。重元素可以阻滞快中子，而截面大的元素既能阻滞快中子，又能阻滞慢中子，且不释放 γ 量子。常用的重元素有铅、钨、铁、钡等。常用作中子吸收剂的大截面元素有锂–6、硼–10、镉等。

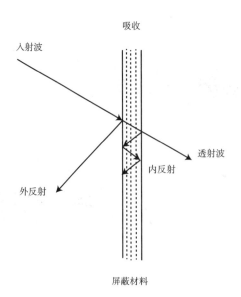

图6-2-6 防辐射材料的防辐射原理

（三）防紫外线服装

1. 紫外线分类

紫外线具有杀菌消毒作用，能合成维生素D，因而它是人类及所有地球生物所必需的。紫外线的波长在180~400nm范围，按照波段又可分为UV-A长波紫外线（320~400nm）、UV-B中波紫外线（290~320nm）、UV-C短波紫外线（180~290nm）。

2. 紫外线对人体的损害

UV-A长波紫外线能使人的皮肤变黑，造成晒红和晒伤，皮肤会出现老化和皱纹；UV-B中波紫外线使皮肤灼伤，皮肤变红并产生水疱；UV-C短波紫外线被地面上空10~50km处的臭氧层吸收而无法到达地面，但近年来由于氟利昂等卤素化合物滞留在地球上空，它们被紫外线分解为活性氯，进而破坏臭氧层，使短波紫外线也可以到达地面（图6-2-7）。

总之，紫外线对人体长期照射，轻者会造成皮肤黝黑，增加雀斑、蝴蝶斑，重者会使皮肤产生皱纹；最严重的是紫外线会切断细胞核内的DNA分子链，断链的DNA能够在具有修复功能的酶的作用下恢复原状，但如果修复能力弱，则容易患上皮肤癌。对于室外，尤其是夏季室外活动或作业的人来说，必须穿着防紫外线穿透的服装来加以保护。

3. 防紫外线服装

一般情况下，紫外线照射到织物上，部分被反射，部分被吸收，其余的透过织物。即反射率+吸收率+透过率=100%。

因此，防紫外线的防护途径，有下面两种方法：

一种是在织物中添加紫外线反射剂，增强织物对紫外线的反射率。防紫外线添加剂可分为无机物和有机物两大类，能使紫外线散射而消除的无机物质有二氧化钛、氧化锌、滑石粉、陶土、碳酸钙等，这

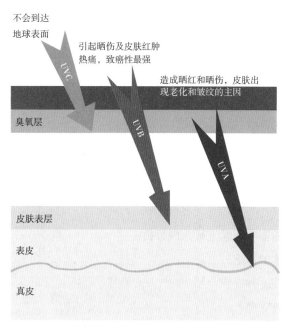

图6-2-7　紫外线对人体的损害

些无机物具有较高的折射率，使紫外线发生散射从而防止紫外线入侵皮肤。其中氧化锌和二氧化钛的紫外线投射率较低，为大多数紫外线纤维所选用（图6-2-8）。

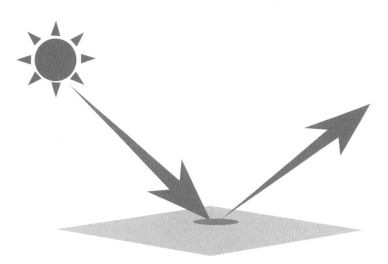

图6-2-8　防紫外线织物对紫外线反射率较高

　　另一种是在织物中添加紫外线吸收剂，增强织物对紫外线的吸收率。能吸收波长为290～400nm的紫外线的有机物，被称为紫外线吸收剂。此类有机化合物的共同特点是在结构上都含有羟基，能在形成稳定氢键、氢键整合环等的过程中吸收能量转变为热能散失，所以传到高聚物中的能量很少，起到了防紫外线的作用。

　　通过对纤维及织物进行抗紫外线整理，实现服装防紫外线功能。抗紫外线纤维主要是由抗紫外线纤维基材以及防紫外线整理剂两部分构成，采用一定的制备工艺将两者结合起来，可获得具有防御紫外线功能的纤维。织物抗紫外线整理，主要是通过浸渍或涂层的方法，将紫外线遮蔽剂涂覆到织物上。

常见的抗紫外线织物大多是涤纶、腈纶等化纤产品。如日本可乐丽公司的埃斯莫（ESMO）纤维、东丽公司的Aloft fieldsensor、帝人公司的Physiosensor，我国的华普镀银抗菌抗紫外线复合功能棉布等。此外，根据不同纤维、织物品种及用途，可以使用轧染、涂层和印花等方法进行防紫外线整理。这种整理方法还可以与防菌、防臭等整理结合进行。

思考题

1. 什么是服装舒适性？
2. 服装舒适性如何分类？
3. 请对服装热湿舒适性的影响因素进行人因分析。
4. 请论述服装压力对人体的影响。
5. 请列举几种功能性服装，并详细介绍。
6. 服装的安全性能要求有哪些？

第七章 智能可穿戴服装

课题名称： 智能可穿戴服装

课题内容： 1. 智能服装的概述

2. 智能服装的应用领域

3. 智能服装的系统

课题时间： 2课时

教学目标： 为使学生了解智能服装行业的发展现状，对智能服装在运动健身、医疗保健、安全防护、生活娱乐、军事装备领域的应用进行了案例分析。进一步探讨目前智能服装系统的主要构成，纺织服装系统作为硬件系统和软件系统的载体，

集成了硬件系统的数据处理器、传感器、人机交互设备、电源系统和连接部分，并由软件系统实现整个系统的高效、低功耗的运行。在此基础上，分析智能服装在实际应用领域所面临的挑战。

教学要求： 1. 掌握智能服装的定义。

2. 掌握智能服装的应用领域。

3. 掌握智能服装的硬、软件系统。

4. 掌握智能服装的其他构成系统。

数字化、移动互联网、人工智能技术日臻成熟，推动了人类社会的新一轮变革，各行各业都面临着智能化转型挑战，智能手机、智能家居、智能制造、3D打印、虚拟现实、机器人、智能服务等，向人类生活纷至沓来。智能服装在此轮变革中成为重要分支，不但冲击着人类消费方式的变革，更对服装产业链的升级转型提出了挑战。

第一节　智能服装的概述

在过去的二十年里，智能服装行业从研究探索到发展成为一个重要的制造领域。智能服装将最新技术与传统纺织服装技术相结合，有助于理解、识别人体在环境和身体活动影响下的变化。凭借这些特殊功能，智能服装正在进入医疗、时尚、运动健身、军事和安防等众多工业领域。多学科技术的相互渗透、新技术的快速发展以及产业数字化升级，推动整个纺织服装行业进行快速的技术密集型转型。智能化在促进纺织服装行业转型升级的同时，也带动了纤维成型工艺、信息传感技术、通信技术、生物技术等诸多其他领域交叉学科的不断发展，在赋予服装新时尚的同时，也给予常规服装远不能及的智能与功能。

（一）智能服装的定义

智能服装是传统的纺织服装工艺、纤维成型加工工艺、信息传感技术、通信技术、人工智能和生物技术等诸多科学领域的有机结合。采用科技、材料、纺织等不同领域的先进技术，将检测、存储、通信、输入和输出等部件进行微型化、柔性化，并植入服装，在满足服装舒适性的前提下，实时采集信号，处理、存储和数据传输，向用户提供智能分析、决策支持和反馈控制，实现各种应用功能。

（二）智能服装起源

第一次工业革命时期，新型纺织业便在促进着信息技术的萌芽。1801年，法国发明家约瑟夫·玛丽·雅卡尔（Joseph Marie Jacquard）对织布机的设计进行了改进，使用了一系列打孔的纸卡片作为编织复杂图案的程序。1820年，英国发明家麦尔斯·巴贝奇（Charles Babbages）受其启发，构想和设计了人类历史上第一台完全可编程计算机，人们通过将计算机程序"编织"到可穿戴的纺织面料中，从而将信息和纺织服装紧密结合起来。围绕电子纺织品的研究从最初的研究探索发展到工业相关领域。从20世纪90年代后期，对如何将导线和电路集成到纺织品中的开创性研究开始，逐渐发展到更密集的集成，增加了传感器、执行器、用户界面和复杂的纺织品电路。智能服装目前还处于发展初期，却为人们的日常生活提供了丰富多彩的体验，这无疑是未来纺织品发展的重要方向，并将成为人们日常生活中的一部分。

（三）目前现状

当今的市场充满活力，可以分为数字、卫生、交通、能源或安全等，纺织服装可以作为它们的支撑，为其增加附加值。就目前的研究现状来看，智能服装大体上可以分为两类：一类对服装材料进行改良，通过化学、物理手段改变纺织材料的结构，使之具备普通材料所不具有的功能。如通过对氯丁橡胶表面进行上胶、防水处理，可以增加水在表面的流速，能够减少身体周围的阻力，从而加快运动员在水中的滑行速度。另一类智能服装与信息技术紧密地交织在一起，将信息技术以不影响穿着舒适性和不被察觉的方式嵌入服装之中，使之具有信息感知、计算和通信能力。目前，智能服装日益得到许多国家的重视，它将为人类社会许多方面带来革命性的影响。

（四）未来发展趋势

在价值链和终端市场方面，智能服装未来的发展趋势与跟踪和人体监测、非接触和虚拟生命体征监测、无创性疾病早期监测、虚拟运动教练、虚拟医生、运动性能提升、可调式制冷或加热技术、康复和防护等相关。消耗类电子产品、运动服和医疗保健是最具探索的应用领域，预计需求将继续增长。印刷、柔性和有机电子元件也是一个重要的研究领域，除此之外，智能服装行业继续发展，需要创建新的、多学科企业，合并纺织、软件开发、医疗保健、消费品和电子等行业。目前，人们只能在市场上看到一部分高成本、高附加值的特殊用途的智能服装。在研究实验室内，有成千上百种类型的智能服装，大部分还没有完全开发和推广，特别是从适用性的角度来看，它们还没有真正为市场做好准备。未来的智能服装将是各领域技术互相融合的产物，在注重科技性与功能性的同时，更应强调产品的人性化，做到真正的"以人为本"。

1. 微型化与舒适化

智能设备的可穿戴特性要求其具有微型、轻量、隐蔽性良好的特点。另外，为了增加其用户的使用黏性，使产品真正融入消费者的日常生活中，追求设计上的宜人化、避免产品带来的异物感非常重要，这是使用户能够习惯于无意识使用产品的关键。在技术上要求电池、传感器、芯片、屏幕等硬件的微型化和柔性化，研发低功耗处理器的同时提高电池的续航能力。

2. 交互方式的多样化

目前智能服装与用户的交互形式单一，基本是单方面的信息收集与呈现模式，缺乏与用户的真正交流。在未来，多种多样的交互方式将得到应用，如语音识别交互、手势交互、眼球追踪交互、生物反馈交互、情景感知交互，甚至脑机交互等方式都可能运用到智能服装中。用户不再是被动地接受信息的反馈，而是能通过简单的交互方式方便地操纵产品，满足其日常需求，提高工作效率与生活质量。

3. 多功能化与专业化

智能服装一方面需要功能的多样化来满足用户的多种需求，另一方面又需要在其领域做精做专，真正解决用户关注的核心问题。目前的智能服装功能较单一，只能一时激发消费者的好奇心与购买欲，难以产生持久的用户黏性，而市场需要的是多功能的产品来满足用户的各种需求。因此提升社会配套资源的同时，应构建良好的软件生态系统，不断整合各种数据、应用与服务，为用户打造一体化、个性化的智能可穿戴体验。对于智能产品而言，能否提供专业、精确、可靠且及时的信息是能够保持良好人机互动的关键，而盲目杂乱的信息反馈容易对使用者造成不必要的困扰与负担，降低用户的工作效率。为了提高智能产品的操作方便与实用性，使之专一、专业化，为用户解决其最关心的核心问题更为重要。

4. 场景化与人性化

智能服装要真正做到"以人为本"，需将设计带入产品的使用场景，并同时考虑到使用者的身心与情感需求，使产品更加人性化与智能化。智能服装不似其他在一个封闭环境中使用的智能产品，其穿戴在人体上，随着使用者的移动，需要面对不同场景，考虑使用者的社会活动和使用场景是设计智能服装的立足点。未来的智能服装应更关注用户的需求，例如对于特定人群的特殊需要进行深入研究，运用移情设计的方法，充分了解用户的真实感受，设计出切实满足用户真正需求的产品，这将是智能服装对社会进步与人类发展更有意义的助力。智能服装的设计在考虑功能性与智能化的同时，也不能忽视用户的心理需求与情感需要。由于智能服装集成了多种硬件模块，其冰冷、冷漠的特性很容易使服装与人体之间产生距离感，因此设计师需要给智能服装添加一种温情，赋予其"生命"，利用艺术化的手段减轻或消除这种陌生感，使智能服装与用户之间产生一种可相互交流、相互信赖、富有情感的关系。

第二节　智能服装的应用领域

相较于其他类型的智能可穿戴载体，服装具有柔软、轻便、成本低、可紧贴身体、与人体接触面积较大等优点，能实现更多元化的产品功能，适用领域也更为广泛，如运动监测、医疗保健、安全防护、生活娱乐、军事装备等。

（一）运动健身

运动健身类智能服装主要用于记录并分析运动数据，包括呼吸频率、心率、热量消耗等，还可以进行远程监控、定期监测。在远程监控的情况下，可以关注运动员的运动情况，根据可用数据更新运动员的偏好——纠正错误、改变训练强度等，同时还可收集有关健康状况的信息。运动健身类智能服装通过定期监测可以识别身体功能障碍并确定影响锻炼结果的因素，以使运动员达到最佳运动效果。如图7-2-1所示，英国 Cambridge Consultants 公司研发了一款 XelfleX 智能服装，可监控身体移动轨迹并建立虚拟现实模型。它在特殊的面料上安装光纤传感器，当运动员进行运动时，电子组件产生的光脉冲沿着光纤传输，一定数量的光连续散射在光纤上，光纤的弯曲会导致散射和反射的增加，这个增量可以被测量出来，记录穿着者的行为数据，并通过计算机绘画出来，与远程设备进行通信，可用于指导运动、健身等。

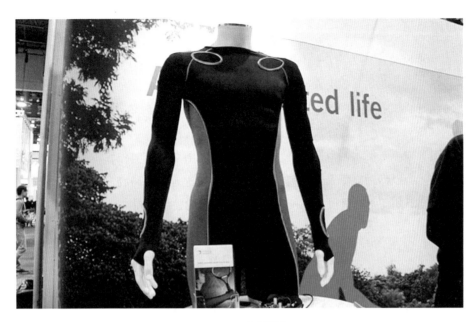

图7-2-1 XelfleX智能服装

（二）医疗保健

　　智能服装在医疗与保健中的实际应用仍处于起步阶段，但需求量很大。智能服装在医疗保健领域的主要用途，一方面是跟踪患者的疾病或状况，增强健康洞察力；另一方面是降低医疗成本。智能服装能够应用于医疗保健领域，可以实时监测人体生理参数，包括体温、心率、血压、脉搏、肌电信号等，从而能够预防、监控各种突发性或长期性疾病。日本化学材料企业东丽和通信运营商NTT以"hitoe"为品牌，共同研发了一款能24小时监测心率的智能服装，如图7-2-2所示。通过在专用内衣上缝制4处由hitoe制作的电极，使服装能够持续测定心脏肌肉的活动，这款智能服装还提供远程信息服务，用户可利用智能手机在其他场合掌握穿着者的身体健康状况，另外，hitoe智能服装可以水洗，并多次反复使用。

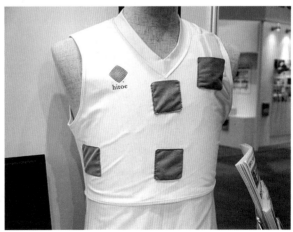

（a）hitoe智能服装　　　　　　　　　　　　（b）hitoe电极

图7-2-2 hitoe智能监测心率服装

（三）安全防护

安全防护类智能服装主要为用户提供GPS定位、短距离和长距离通信、潜在威胁预警、辐射防护等。适用人群包括老人、儿童、残疾人或针对某些高危职业从业者。土耳其伊斯坦布尔科技大学、法国鲁贝国立高等纺织工业技术学院GEMTEX实验室、法国北部里尔大学共同研发了一款为视障人士设计的避障智能服装，如图7-2-3所示。这款智能服装是由服装与传感器、执行器、电源和数据处理单元相结合的系统。为了引导视障者，将两个振动马达放置在衣服的外腕或髋骨位置，另外六个振动马达分别放在左、右臂的手腕上，以帮助视障人士在室内环境中安全快速地在障碍物之间穿梭。安全防护类产品对硬件设备的要求较高，如何提升警报功能和防护功能是研发的关键所在。

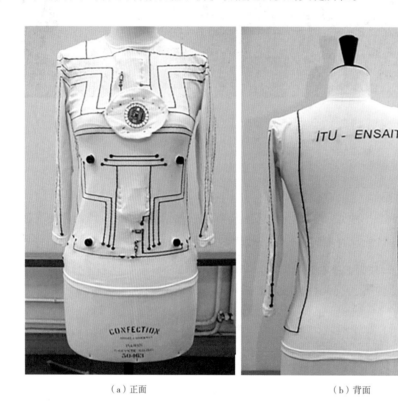

（a）正面　　　　　　　　　　　　　　　（b）背面

图7-2-3　智能避障服装

（四）生活娱乐

生活娱乐类智能服装主要与生活中某些行为相结合，加强人与服装的交互性，为人们的生活带来一种轻松愉悦的体验方式。它的应用包括娱乐、信息、通信、休息、生活方式、时尚、互联和游戏活动等，通常与智能手机的功能、显示技术、交互技术、通信接口、物联网和视觉识别等领域交叉。英国Cute Circuit公司研发了一款Sound Shirt，这种服装可以将音乐转化为具体感受，让听觉障碍人士也能感知音乐的美妙，如图7-2-4所示。Sound Shirt内部的所有导电路径均由可编织的导电纺织材料组成，外部的视觉装饰结合了激光切割元素和高分辨率数字织物印花。服装上集成了30个微执行器，它能通过触觉将听障者带入音乐跳动的韵律之中，将音乐转化为触觉语言，实时实地地传播给穿着者，为听障者打开沉浸于音乐、娱乐体验的全新方式。

图7-2-4　智能音乐服装

（五）军事领域

　　智能服装的研发较早是针对军事领域的，是满足现代军事工业防护需求的重要组成，因此其在军事领域具有广泛的应用。智能服装在军事领域的应用涉及伤口治疗、伪装制服、生理和环境监测、电磁屏蔽、冲击防护等。俄罗斯Kirasa公司为俄罗斯国防部研制了一款Ratnik防护服，Ratnik防护服系统包括采用芳纶纤维制成的全身防护服，以及重约10kg的防弹衣、头盔等。这款防护服的防护能力较俄罗斯之前的防弹衣提高了70%，能够覆盖作战士兵身体面积的90%，且透气性好，并能够防御地雷、榴弹和弹丸破片的威胁。军事智能服装面临的主要挑战是低功耗、轻便舒适以及能够在战场上保持良好的机动性。

（六）航空领域

　　航空航天是智能服装的一个重要应用领域。卡雷技术公司为国际空间站（ISS）研发了一款Astroskin宇航员服装，如图7-2-5所示。这款贴身的无袖背心式衬衫，包含多个传感器，但传感器的重量较轻，这使得穿戴它的人可以进行实时监测。实时监测的数据类型，包括可持续48小时的血压、脉搏血氧饱和度、三导联心电图、呼吸、皮肤温度等。更长的电池寿命允许对生命体征进行更长时间的实时监测。来自Astroskin传感器的数据通过蓝牙传输到Hexoskin应用程序，数据能被同步到本地和远程服务器上，并进行远程健康数据管理和分析。

图 7-2-5　生命体征监测服装

第三节　智能服装的系统

智能服装是除传统服装特性外，还具有辅助功能的一类服装。这些新的功能是通过利用特殊的纺织品、电子设备或两者的结合而获得的。因此，智能服装系统可以分为硬件系统、软件系统和纺织服装系统。

一、硬件系统

智能服装硬件系统由嵌入服装的数据处理器、各种传感器、人机交互设备、电源系统和连接部分组成。

（一）微控制器

随着电子系统的微型化，原本大型复杂的集成电路被微型芯片所代替，微控制器的体积明显减小。在服装中置入微控制器的技术不断提高，可以无须通过在衣服上缝小口袋之类的手段使其附在服装上，而是把它们直接置入实际的服装面料中。目前微控制器的功能越来越强，同时尺寸可以小到只有几平方毫米或更小。随着微控制器在柔性材质上取得的较大进展，也进一步提升了智能服装的服用性能。

（二）传感器

传感器将人体及其周围环境作为测量对象，利用嵌入服装中的若干电子元件及电路，完成对具体应用所需的各种参数的感知和测量。智能服装系统中根据传感器用途的不同，可以将其大致分为三类：生理传感器、运动传感器、环境传感器。

1. 生理传感器

生理传感器的检测范畴包括与穿着者密切相关的物理、化学、生物、声音和图形等参量，利用先进的信息和仪器设备制造技术、将原本大型的医疗检测设备（如心电图ECG、脑电图EEG、肌电图MEG等）小型化、微型化，便于携带和嵌入服装中，采集人体各种生理信息，如血氧、呼吸、脉搏、皮肤温度、血压等，其他常用的生理传感器，还有识别心音和肺音的声音传感器、汗腺排泄传感器、皮肤脱屑物传感器等。生理传感器是目前智能服装领域中研究和应用最广泛的。

2. 运动传感器

人体运动检测类传感器使用较多的类型为加速度计、陀螺仪、倾角传感器等。目前，运动传感器的应用领域主要包括上下肢运动姿态识别、走路模式识别、人体平衡检测、人体跌倒检测、体位与体动信息检测、输入设备——微加速度计鼠标系统和人体运动量及能量消耗的检测等。根据不同的检测目的，运动传感器可以放在人体的不同位置，如人体后腰部、手指前端、手背、手腕或下肢等部位。

3. 环境传感器

环境传感器是通过感受规定的被测量件，并按照一定的规律转换成可用信号对环境目标进行监测，识别环境质量状况的一种装置。环境传感器能感知光线、温度、压力、声音、图像等，在智能服装领域，耐久性、耐洗涤、耐拉伸等特性是其研究的难题。环境传感器还可以将材料和生物技术相结合，如用新型压电材料研制的传感器用以感知变形、声音等。

（三）执行器

智能服装中的执行器，主要是针对智能服装功能的实现，通过各种设定的指令执行来提醒穿着者改变或者中止现在的状态。目前常用的提醒方式主要分为两类：一类是置于智能服装上的执行器，另一类是通过手机、电脑等其他设备发出的提醒功能。智能服装的提醒方式主要基于人的五感来实现，如语音提示、味道提示，振动提示等，常见的执行器有蜂鸣器、振动马达等。

（四）人机交互设备

智能服装需要的人机交互设备，应满足舒适性、移动性、隐蔽性等要求，有戴在衣领或帽子上的耳机、麦克风或用在袖子上的键盘等不同类型。另外，还可以将服装作为控制界面，利用声音、手势信号等特殊的方式，进行数据传输与信息传达。与某些微型化的交流设备相比，服装具有更大的面积，能够更贴近身体部位。

（五）模块接口

智能服装的信息互联也是一个重要的问题，主要是如何以最佳的效率在电子系统的各个组成部分之间传输信息和能量。硬件模块间的数据通信接口需要确定通信接口协议和连接拓扑结构。为了抗干扰和提高带宽性能，需要采用数字传输。在智能服装中通用的接口技术主要有1-wire、I2C、SPI等。如果这些传输方式使通信服装不需要物理连接，那么还必须考虑附加条件的限制，如运行所需的能源消耗。

（六）电源

智能服装所需的电源除了传统的高效能电池外，还有收集人体能量、太阳能等为系统供电。智能服装系统供电的方式可分为自备供电和外部供电两种。现有的电源大多作为可拆卸单元隐藏在服装中，这些电池不可弯曲、重量大、体积大。另外也有电源为非便携式设备，并且必须插入电插头才能实现操作。

二、软件系统

目前的智能服装软件系统多是基于嵌入式平台开发的，并且随着用户需求的不断丰富，智能服装在嵌入式主机之外，需要与其他硬件设备协同工作。因此，智能服装软件系统在实现整个系统高效、低功耗运行的基础上，还需同时保证开发的迭代性和易扩展性等。由于传感器分别分布在服装的不同位置，形成具有实时处理传感数据的功能和特殊计算需求的分布式体域传感器网络，需要利用分布式计算模型进行优化。优化分布处理的方式包括代码迁移、远程调用、任务调度优化和利用特定应用的数据处理等，以达到资源共享和平衡计算负载的目的。除此之外，智能服装软件系统还涉及对监测数据的管理，对传感器采集的优化控制，可以采用事件驱动模型进行预测和控制，对传感器输入进行分类，并预测事件，以此来决定传感器信息输出的频率，是否耗能最少、系统使用时间最长。

三、纺织服装系统

（一）智能材料

智能材料是指能够感知和响应环境变化的材料。这类材料有普通纺织材料所不具备的如通信、变形、能量传输以及生长等功能，比传统纺织材料的力学和物理等性能更为优越。智能材料大体可分为三类：被动型、主动型、超级智能型。

1. 被动型智能材料

被动型智能材料大多被当作感应器来使用，可以探测周围的环境或刺激因素的存在。如抗紫外线纺织品、抗菌纺织品、陶瓷涂层纺织品和导光纺织品等都是被动型智能材料。舒乐纺织品公司研发了一款"深色凉爽"面料，由于深色面料既能吸收太阳光的可见光线，也能吸收不可见光线，在光照强烈的环境下身穿深色衣服会让人觉得更加不舒服。因此舒乐公司研发了这种化学处理技术，并将其运用在服装面料上，为穿着者提供全光谱的紫外线保护，能有效降低人体表面的温度，减少人体的排汗量。

2. 主动型智能材料

主动型智能材料具有能够感知并且回应外部刺激的功能。在一定环境中，它们既是感应器，又是发生器。主动型智能材料包括形状记忆、防水透湿性、相变储热和光热致变色等几种类型。美国奥莱科技公司通过其特有的工艺，将一些相变材料嵌入纤维中，形成能量调节系统，使穿着者的体温处于恒温状态。同样，利用相变材料能够通过吸收并存储热量来降低人体过热和排汗这一特性，也增强穿着的舒适度。

3. 超级智能型智能材料

超级智能型智能材料在被动型智能材料和主动型智能材料的功能基础上，又增加了第三种功能。这类材料可以做感应器，探测周围环境或刺激因素，也可以对信息做出相应的反应，同时它能够改变形态以适应周围环境的特殊情况。超级智能型智能材料是研发新兴产品以及产品类别中最前沿、最具有动态性的领域，其中包括形状记忆合金、智能聚酯纤维、智能流体以及其他智能复合材料等。如用石墨烯纳米管纤维制成的"人造肌肉纤维"，它能像人类的肌肉一样，对来自神经系统的刺激做出收缩和松弛的反应。

（二）纺织相关技术

智能服装是通过刺绣、编织、涂层、3D打印等技术，将微电子、材料、计算机等技术融合到纺织品中开发出的新型服装。

1. 刺绣技术

刺绣是智能纺织品领域最常用的技术之一，也为智能可穿戴和柔性电子产品的开发提供了各种可能性。在智能服装领域涉及较多的是导电材料的应用。导电纱线通过刺绣技术，用于纺织集成电子设备的互联、刺绣电路和加热网格的开发。另外，刺绣技术的纺织传感器在生物医学和物理应用方面较为广泛，如心脏、肌肉和神经活动的评估、压力和应变测量等。

2. 编织技术

随着创新技术的出现，将传统的编织制造技术与新一代材料相结合，创造了具有特殊性能的智能纺织品。通过编织、针织生产的智能纺织品，在保证了纺织品的柔软度、强度和透气性等基本功能外，还赋予了纺织品以新的属性。例如，将用于传导电能和数据的可导纤维编织到面料中，增加传导性能，同时满足包括耐久性（耐拉伸，耐洗）、可弯曲性、耐洗涤等服用性能。

3. 涂层技术

涂层是以增稠的溶液或溶剂形式分散到织物表面，与织物形成一个整体的复合结构。涂层工艺因操作简单、工艺流程短、能耗低等优点，被广泛用于柔性传感器、动作捕捉设备、心电信号监测设备中，可与现有纺织生产工业体系有效对接，推动智能服装的规模化生产与应用。

4. 3D 打印技术

3D打印技术即快速成型技术的一种，又称增材制造。它是一种以数字模型文件为基础，运用粉末状金属或塑料等可黏合材料，通过逐层打印的方式来构造物体的技术。在智能服装领域，3D打印技术因其独特的制备工艺和产品特性，可以实现服装与电子器件的完美结合，在帮助智能服装实现特定功能的同时给人们提供最舒适便捷的穿着体验，从而彻底颠覆消费者对传统服装的认知。3D打印技术可以将各种不同功能的高性能材料，通过打印的方式融入衣物和配饰，构建智能服装中的核心部件。

1. 简述智能服装的概念。

2. 简述智能服装的系统构成。

3. 针对智能服装的发展现状谈一谈其未来的发展趋势。

参考文献

［1］张文斌. 服装人体工效学［M］. 上海：东华大学出版社，2008.

［2］陈东生. 服装卫生学［M］. 北京：中国纺织出版社，2000.

［3］中泽愈. 人体与服装：人体结构·美的要素·纸样［M］. 袁观洛，译. 北京：中国纺织出版社，2000.

［4］中屋典子，三吉满智子. 服装造型学［M］. 刘美华，等译. 北京：中国纺织出版社，2006.

［5］潘健华. 服装人体工程学与设计［M］. 上海：东华大学出版社，2008.

［6］薛媛，冀艳波. 服装人体工效学［M］. 北京：中国纺织出版社，2018.

［7］郭伏，钱省三. 人因工程学［M］. 2版. 北京：机械工业出版社，2018.

［8］唐宇冰，张建辉. 服饰图案设计［M］. 上海：上海交通大学出版社，2012.

［9］张渭源. 服装舒适性与功能［M］. 2版. 北京：中国纺织出版社，2011.

［10］廖军. 服装工效学［M］. 苏州：苏州大学出版社，2011.

［11］肖红. 服装卫生舒适与应用［M］. 上海：东华大学出版社，2009.

［12］李永平. 服装款式设计［M］. 武汉：湖北美术出版社，2001.

［13］徐丽慧. 服装款式设计与配色［M］. 北京：金盾出版社，2009.

［14］崔荣荣. 现代服装设计文化学［M］. 上海：中国纺织大学出版社，2001.

［15］戴宏钦，卢业虎. 服装工效学［M］. 2版. 苏州：苏州大学出版社，2017.

［16］徐军，陶开山. 人体工程学概论［M］. 北京：中国纺织出版社，2002.

［17］李当岐. 服装学概论［M］. 北京：高等教育出版社，1990.

［18］徐蓉蓉，吴湘济. 服装色彩设计［M］. 上海：东华大学出版社，2015.

［19］于西蔓. 女性个人色彩诊断［M］. 广州：花城出版社，2002.

［20］王翀. 服装色彩与应用［M］. 沈阳：辽宁科学技术出版社，2006.

［21］唐林涛. 设计事理学理论、方法与实践［D］. 北京：清华大学美术学院，2004.

［22］甘艳，纪璎芮，师宇哲，等. 用户感性认知与产品感性设计方法及应用［J］. 包装工程，2021，42（2）：22-27，34.

［23］龙晋，陈静子. 孕妇装与婴幼装［M］. 北京：纺织工业出版社，1988.

［24］吴祖慈. 艺术形态学［M］. 上海：上海交通大学出版社，2003.

［25］唐纳德·A. 诺曼. 设计心理学［M］. 梅琼，译. 北京：中信出版社，2010.

［26］郑建鹏，齐立稳. 设计心理学［M］. 武汉：武汉大学出版社，2016.

［27］陈东生，吴坚. 新编服装心理学［M］. 北京：中国轻工业出版社，2005.

［28］E.B. 赫洛克. 服装心理学［M］. 吕逸华，译. 北京：纺织工业出版社，1986.

［29］苗莉，王文革. 服装心理学［M］. 北京：中国纺织出版社，1997.

［30］陈小清. 新媒体艺术的心理体验设计［M］. 广州：广东高等教育出版社，2013.

［31］刘国联，蒋孝锋. 服装心理认知评价［M］. 上海：东华大学出版社，2017.

［32］张海波．服装情感论［M］．北京：中国纺织出版社，2011．

［33］吕学海．服装系统设计方法论研究［M］．北京：清华大学出版社，2016．

［34］滕兆媛．男装色彩设计［M］．北京：科学出版社，2015．

［35］高桥瞳．洋裁大百科［M］．张锦兰，译．北京：光明日报出版社，2014．

［36］白羽．基于人机工程学理论的医护服装设计研究［D］．大连：大连理工大学，2009．

［37］李子丹．电焊职业防护服春秋装设计研究［D］．武汉：武汉纺织大学，2021．

［38］倪丽．功能主义在当代服装造型设计中的应用研究［D］．桂林：广西师范大学，2020．

［39］艾秀玲．基于学龄前儿童成长需求的服装结构设计研究［D］．长春：长春工业大学，2018．

［40］孙雯．孕妇装造型研究与设计实践［D］．武汉：武汉纺织大学，2018．

［41］沈梦瑶．褶皱在孕装设计中的运用研究［D］．武汉：武汉纺织大学，2018．

［42］李心宇．河北省中医院医护服装设计与研究［D］．石家庄：河北科技大学，2018．

［43］吴文艳．"后儿童时代"心理特征表现下服装设计应用性研究［D］．杭州：浙江理工大学，2017．

［44］陈丽丽．服装色彩感觉的特性研究和应用分析［D］．苏州：苏州大学，2017．

［45］赵岩岩．孕妇装的情感化设计研究［D］．无锡：江南大学，2015．

［46］王晓翠．服装对着装心理的影响研究［D］．天津：天津工业大学，2016．

［47］郭俊彩．学前儿童性别取向服装投射测验的编制［D］．重庆：西南大学，2013．

［48］李晖．老年服装的人性化设计研究［D］．齐齐哈尔：齐齐哈尔大学，2012．

［49］王宁．肢残青少年服装的心理因素与设计思想［D］．重庆：西南大学，2011．

［50］柴柯．视觉艺术形式效能心理分析及其在服装设计中的运用研究［D］．上海：东华大学，2010．

［51］张文斌．服装工艺学：结构设计分册［M］．3版．北京：中国纺织出版社，2001．

［52］张向辉，王云仪，等．防护服装结构设计对着装舒适性的影响［J］．纺织学报，2009，30（6）：138-144．

［53］段杏元．袖山高对袖子运动舒适性及美观性的影响［J］．江苏技术师范学院学报，2010，16（3）：51-54．

［54］吴经熊，孔志，邹礼波．服装袖型设计的原理与技巧［M］．上海：上海科学技术出版社，2009．

［55］吕学海．服装结构制图［M］．北京：中国纺织出版社，2002．

［56］刘国联，蒋孝锋．服装心理学［M］．2版．上海：东华大学出版社，2018．

［57］郭斐，吕博．艺术设计与服装色彩［M］．北京：光明日报出版社，2017．

［58］张春兴．现代心理学：现代人研究自身问题的科学［M］．上海：上海人民出版社，2021．

［59］宋晓霞．服装人体工效学［M］．上海：东华大学出版社，2014．

［60］周永凯，张建春．服装舒适性与评价［M］．北京：北京工艺美术出版社，2006．

［61］谌玉红，唐世君，夏鹏泽．服装热湿舒适性评价方法［J］．纺织导报，2000（3）：66-68．

［62］邢雷．服装热湿舒适性评价与研究［D］．北京：北京服装学院，2008．

［63］韩露，于伟东．织物刺痒感产生机理探讨［J］．北京纺织，2001，22（4）：51-53．

［64］刘洋．心理特征对着装行为的影响［J］．艺术科技，2019，32（9）：246．

［65］崔琳琳．国内外灭火消防服发展现状及趋势［J］．天津纺织科技，2016（2）：3-5．

［66］唐磊．服装用涤/棉织物的防电磁辐射整理及性能［J］．产业用纺织品，2019，37（5）：40-44．

［67］刘洪凤. 防电磁辐射纤维的研究进展［J］. 产业用纺织品，2007（6）：1–4.

［68］汪秀琛，张欣. 防电磁辐射服装的防护机理［J］. 纺织科技进展，2005（5）：30–32，42.

［69］曹桂红，彭新元. 织物防紫外线性能研究［J］. 湖南工程学院学报（自然科学版），2018，28（1）：80–84.

［70］谭学强，刘建勇，刘佳音. 防紫外线织物的研究新进展［J］. 针织工业，2019（11）：45–49.

［71］付青，邓桦. 织物的抗紫外线性能［J］. 产业用纺织品，2015，33（3）：38–43.

［72］Langenhove L V, Hertleer C. Smart clothing：a new life [J]. International Journal of Clothing Science and Technology, 2004(16): 63–72.

［73］Elmogahzy Y E. Engineering design in the textile and garment industry [M]. Woodhead Publishing, 2019: 85–117.

［74］Selvasudha N, Sweety J P, Dhanalekshmi U M. Smart antimicrobial textiles for healthcare professionals and individuals [J]. Antimicrobial Textiles from Natural Resources, 2021(15): 455–484.

［75］Baurley S. Interaction design in smart textiles clothing and applications [J]. Wearable electronics and photonics, 2005(11): 223–243.

［76］Dang T, Zhao M. The application of smart fibers and smart textiles [J]. Journal of Physics: Conference Series, 2021, 1790, 012084P.

［77］Fink L, Sayem M S A, Teay S H. Development and wearer trial of ECG–garment with textile–based dry electrodes [J]. Sensors and Actuators A: Physical, 2021(328): 112784.

［78］丁永生，吴怡之，郝矿荣. 智能服装理论与应用［M］. 北京：科学出版社，2013.

［79］高翔. 面向智能服装无线传感器网络的性能评估及设计实现［D］. 上海：东华大学，2008：1–9.

［80］张诚. 智能服装光纤光栅人体心动检测关键技术的研究［D］. 天津：天津工业大学，2012：47–65.

［81］Abbasi S, Peerzada M H, Nizamuddin S. Functionalized nanomaterials for the aerospace, vehicle, and sports industries [J]. Micro and Nano Technologies, 2020(815): 795–825.

［82］Cao H. Smart technology for personal protective equipment and clothing [J]. Smart Textiles for Protection, Woodhead Publishing, 2013(8): 229–243.

［83］Chandrasekaran K, Senthilkumar M. Healthcare and hygiene textile products [J]. Antimicrobial Textiles from Natural Resources, 2021: 295–312.

［84］Elmogahzy Y E. Performance characteristics of technical textiles: Part Ⅲ : Healthcare and protective textiles [J]. Engineering Textiles, 2020: 399–432.

［85］沈雷，桑盼盼. 不同领域技术下智能服装的发展现状及趋势［J］. 丝绸，2019，3（3）：45–53.

［86］邹亮，叶玲，吴银. 智能服装在军事领域的应用［J］. 防护装备技术研究，2019，29（3）：4–6.

［87］崔桂新，马晓光. 电子信息智能纺织品的发展［J］. 天津工业大学学报，2004，23（2）：51–54.

［88］Metzger C, Anderson M, Starner T. Free digiter: a contact–free device for gesture control [C]. 8th International Symposium on Wearable Computers, 2004: 18–21.

［89］罗胜利，张宇群，龚奕，等. 智能纺织材料与智能纺织系统概述［J］. 粘接，2017（3）：23–28.

［90］Marculescu D, Marculescu R, Zamora N H. Electronic textiles: a platform for pervasive computing [J]. Proceedings of the IEEE, 2003, 91(12): 1995–2018.

［91］Stoppa M, Chiolerio A. Wearable Electronics and Smart Textiles: A Critical Review[J]. Sensors 2014, 14(7): 11957–11992.

［92］Ismar E, Bahadir S K, Kalaoglu F. Futuristic Clothes: Electronic Textiles and Wearable Technologies [J]. Global Challenges, 2020(4): 2–14.

［93］Koncar V. Smart Textiles and Their Applications [M]. Woodhead Publishing, 2016.

［94］Bahadir S K, Koncar V, Kalaoglu F. Assessing the signal quality of an ultrasonic sensor on different conductive yarns used as transmission lines [J]. Fibres & Textiles in Eastern Europe, 2011(19): 75–81.

［95］Katragadda R B, Xu Y. A novel intelligent textile technology based on silicon flexible skins [J]. Sensors and Actuators A: Physical, 2008(143): 169–174.

［96］Kubicek J, Fiedorova K, Vilimek D. Recent Trends, Construction and Applications of Smart Textiles and Clothing for Monitoring of Health Activity: A Comprehensive Multidisciplinary Review [J]. IEEE Reviews in Biomedical Engineering, 2020(15): 36–60.

［97］吴怀宇. 3D打印三维数字化创造［M］. 北京：电子工业出版社，2015.

［98］Ju N, Lee L H. Consumer resistance to innovation: smart clothing [J]. Fashion and Textiles, 2020(21): 1–19.

［99］Singha K, Kumar J, Pandit P. Recent Advancements in Wearable & Smart Textiles: An Overview [J]. Materials Today: Proceedings, 2021(16): 1518–1523.